防空反导武器装备技术概论

薛伦生 王学智 冯 刚 著
时建明 张国礼 张 茜

西北工业大学出版社

西安

【内容简介】 本书以防空反导装备为研究对象，介绍了空天安全、空天防御的概念，从目标探测与信息获取的角度分析了反导反临信息支援系统，并结合防空反导手段阐述了弹道导弹防御系统和防空反导新概念武器，分析了防空反导一体化武器装备的关键技术。本书主要包括概述、反导反临信息支援系统、弹道导弹防御系统、防空反导新概念武器、防空反导一体化关键技术及发展趋势等内容。

本书可作为高校兵器发射理论与技术、武器发射工程等学科专业的教材，也可供从事防空反导武器装备研究的技术人员参考。

图书在版编目（CIP）数据

防空反导武器装备技术概论 / 薛伦生等著. — 西安：西北工业大学出版社，2024.8. — ISBN 978-7-5612-9342-3

Ⅰ. TJ761

中国国家版本馆 CIP 数据核字第 2024LR2895 号

FANGKONG FANDAO WUQI ZHUANGBEI JISHU GAILUN

防 空 反 导 武 器 装 备 技 术 概 论

薛伦生　王学智　冯刚　时建明　张国礼　张茜　著

责任编辑：孙　倩　王　水		策划编辑：杨　睿
责任校对：王梦妮		装帧设计：高永斌　侣小玲

出版发行：西北工业大学出版社
通信地址：西安市友谊西路 127 号　　邮编：710072
电　　话：(029)88491757，88493844
网　　址：www.nwpup.com
印　刷　者：西安五星印刷有限公司
开　　本：787 mm×1 092 mm　　1/16
印　　张：8.875
字　　数：222 千字
版　　次：2024 年 8 月第 1 版　　2024 年 8 月第 1 次印刷
书　　号：ISBN 978-7-5612-9342-3
定　　价：65.00 元

如有印装问题请与出版社联系调换

前　言

防空反导系统是国家应对导弹袭击和核武器打击威胁时的一层重要保障体系,在预警防御领域具有关键战略意义。反导系统是由雷达、导弹、卫星,甚至激光武器、电磁武器等众多武器装备组成的系统,并且需要各部分之间精密配合和准确计算才能达到预期效果,是一个由高新科技复合、众多技术集成的复杂工程。防空反导一体化是为了遂行防空反导作战任务,将相对独立的防空力量与反弹道导弹力量,通过一定方式融合成一个有机整体的过程,其实质是防空反导功能的有机整合与系统发挥,是抗击空气动力目标和弹道目标系统攻袭的有效方式。

本书从空天安全、空天防御的概念出发,分析我国防空反导系统面临的威胁和挑战,以国外现役部分防空反导装备为研究对象,介绍反导反临信息支援系统、弹道导弹防御系统、防空反导新概念武器等内容,重点阐述天基预警系统、弹道导弹防御系统、防空反导一体化的关键技术。

全书共分为5章。第1章概述,主要介绍空天安全与空天防御及我国防空反导系统面临的空天威胁及挑战;第2章反导反临信息支援系统,主要阐述天地一体化信息网络、天基预警系统和弹道导弹预警系统;第3章弹道导弹防御系统,简要介绍弹道导弹防御系统的基本概念及工作原理,重点介绍国外弹道导弹防御系统的关键技术、发展方向及趋势等内容;第4章防空反导新概念武器,简要介绍防空反导新概念武器的定义、概念及杀伤机理等基本概念,重点介绍激光武器、粒子束武器、高功率微波武器、电磁轨道炮以及网络武器等防空反导新概念武器;第5章防空反导一体化关键技术及发展趋势,主要介绍防空反导一体化的基本内涵、作战要素、装备体系、关键技术和防空反导一体化发展趋势等。

本书由薛伦生、王学智、冯刚、时建明、张国礼和张茜共同撰写完成,薛伦生统稿。第1章、第2章由薛伦生和张茜共同撰写,第3章由王学智和张国礼共同撰写,第4章由冯刚和时建明共同撰写,第5章由张国礼和张茜共同撰写。

在编写本书过程中,笔者引用了许多专家学者的研究成果,对列入或未列入参考文献的专家学者在该领域所做出的贡献表示崇高的敬意,对能引用他们的成果感到十分荣幸并表示由衷的谢意。

限于笔者的水平,本书不妥之处在所难免,敬请广大读者批评指正。

著　者
2024 年 6 月

目　　录

第 1 章　概述 ··· 1
  1.1　空天安全 ··· 1
  1.2　空天防御 ··· 4
  1.3　我国面临的空天威胁及挑战 ·· 8
  思考题 ··· 10

第 2 章　反导反临信息支援系统 ·· 11
  2.1　天地一体化信息网络 ··· 11
  2.2　美国天基信息系统 ·· 17
  2.3　天基预警系统 ·· 25
  2.4　弹道导弹预警系统 ·· 39
  思考题 ··· 41

第 3 章　弹道导弹防御系统 ··· 42
  3.1　概述 ··· 42
  3.2　国外弹道导弹防御系统 ·· 45
  3.3　关键技术 ··· 62
  3.4　发展方向及趋势 ··· 72
  思考题 ··· 74

第 4 章　防空反导新概念武器 ·· 75
  4.1　概述 ··· 75
  4.2　激光武器 ··· 80
  4.3　粒子束武器 ··· 87
  4.4　高功率微波武器 ··· 89
  4.5　电磁轨道炮 ··· 95

4.6	网络武器	101
	思考题	108

第5章 防空反导一体化关键技术及发展趋势 110

5.1	概述	110
5.2	关键技术	118
5.3	发展趋势	130
	思考题	134

参考文献 135

第1章 概 述

本章主要介绍空天安全、空天威胁与空天防御,以及我国面临的空天威胁及挑战等内容。

1.1 空天安全

空天安全是国家生存和发展不受空天威胁或侵害的状态,以及国家为实现这种状态所采取的一系列行动。当前,我国正在战略机遇期内稳步发展,空天安全作为信息时代国家安全的新领域,成为国家安全的主要关注点。

1.1.1 空天安全

空天安全是指国家控制相关稠密大气层空间、临近空间、外层空间等垂直空间,保护垂直空间权益不受侵害,地表空间权益不受经由垂直空间的侵害以及依托垂直空间维护权益等三种状态及相关措施的总和。

(1)空天安全的内涵

空天安全主要包括以下几层含义:第一,空天安全的作用空间是空天,是国家安全的重要组成部分,是国家安全在空天领域的表现;第二,空天安全是一种客观状态,表现为国家在空天领域的活动、权利和利益不受威胁或侵害的状态;第三,空天安全是一种主观感受,表现为国家不存在外部威胁的紧张感,即国家主体没有感受到空天危险和受到空天威胁的安全感;第四,空天安全是一种行动过程,即为降低或消除空天威胁、实现和维护国家空天安全利益所采取的行动过程;第五,空天安全的理论范畴是安全,其研究区别于本源意义的战略研究,研究的侧重点不在战争规律和战争指导规律,而是避免战争、实现和平、保证安全的规律。国家空天安全的最终目的,是通过空天安全实现国家的整体安全。

(2)空天安全的范畴

空天安全的范畴主要涵盖了领空及航空器安全、航天轨道及航天器安全、空天平台地面系统安全、地面防空体系安全以及空天信息安全等五个方面。

1)领空及航空器安全

领空及航空器安全主要包括:其一,主权国家的领空不受他国的威胁与入侵,国家对本国领空拥有绝对的主权和控制权,并对领空拥有不违反国际法的自由开发利用的权利;其二,主权国家的航空器在本国领空内可自由通行并不受威胁和攻击,同时,可以自由、安全地在国际法允许的范围内运行于他国领空和国际空域。

2)航天轨道及航天器安全

航天轨道和航天器安全包括主权国家争取利用技术优势和航天器的数量优势,通过国际公约注册和使用尽可能多的轨道资源,并确保这些轨道不被他国侵占或威胁,航天器在发射、飞(运)行和返回过程中的自由不受干扰和攻击。

3)空天平台地面系统安全

空天平台地面系统是与航空器和航天器起飞、发射、飞(运)行和返回相关的一系列地面保障设施的统称,空天平台地面系统安全主要包括机场、航天发射场、地面指控通信系统、地面飞行辅助台站等场所的安全。

4)地面防空体系安全

地面防空体系安全是国家空天安全在地面相关区域的具体体现,是指地空导弹系统、高炮、雷达及其阵地等不受干扰、不被破坏或摧毁,持续、稳定、高效运行的状态。

5)空天信息安全

空天信息安全是指空天信息网络的硬件和软件具备较强的安全能力,在信息的获取、传输、处理和利用过程中,数据不受偶然的或者恶意的原因而遭到破坏、更改、泄露,系统处于连续、稳定、高效运行的状态。其从表现形式看,主要包括电磁安全、网络安全以及报纸、杂志、书籍等媒介安全;从结构形式看,主要包括信息过程安全和信息系统安全。

空天安全环境的变化主要源于当前的国际政治、经济和科技环境。随着经济全球化、政治多极化、军事信息化的发展,军事斗争的范围不断扩大,空天一体军事斗争的趋势被人们所认同,空天安全已经成为继核安全、信息安全之后的新安全领域,并成为国家安全的重要组成部分。

1.1.2 空天威胁

空天威胁由空中威胁升级演变而来,由于不同于传统的"兵临城下"方式对一国主权造成直接实体性侵害,也不依托前沿基地上门展示"肌肉",所以空天威胁平时看似"无形",但其可采取"端对端"的方式快速"显形"直取目标,以骤然释放强大量能的方式达成"泰山压顶""垂直掏心"的效果。由于空间技术、航空技术、运载火箭技术、武器装备技术和信息技术取得了突破性的进展,所以现在人类面临着多种空天威胁。

(1)空天威胁的类型

按照空天威胁的不同,空天威胁可划分为现实空天威胁、潜在空天威胁、直接空天威胁以及间接空天威胁等四种类型。当前,空天威胁发展的趋势导致威胁国家安全的"门槛"正在不断降低。信息化条件下,一旦黑客侵入航空航天系统,所造成的空天威胁难以想象;高强度的电子压制和反辐射精确打击,恶化了防空的电磁环境和生存空间;空中打击兵器的隐身化,压缩了防空的预警时间。

(2)空天威胁的方式

空天威胁根据空天力量的不同性质,可以分为太空威胁、空中威胁、软打击威胁、硬摧毁威胁和多元威胁等。

①太空威胁。其主要的威胁目标有敌方的太空武器装备和信息装备可对己方地(海)面、空中、临空和太空中资产及人员构成威胁。

②空中威胁。其主要的威胁目标有高超声速目标、战略弹道导弹、其他高空飞行器,威胁高度为20~100 km,威胁的目标还有中低空空气动力目标、战术弹道导弹、下滑高超声目标,威胁高度在20 km以下。中远程弹道导弹目标的威胁是跨空域的:从低空到太空。空中力量武器装备系统的信息化水平得到大幅度提高,新的战略运用和作战活动方式不断出现,大大增强了空中力量的威慑和实战能力。飞机航程、弹药射程的增加和空中加油机的使用,大大提高了空中力量实施远程机动、超视距作战和防区外打击的能力,使空中力量成为进行"非接触作战""防区外作战"的主要力量,可以在交战区几百千米至上千千米以外向预定目标实施打击。

③软打击威胁。利用空天信息武器对我空天信息系统实施信息作战,主要打击方式包括凭借在电子领域的优势对我方进行电子欺骗、干扰和瘫痪等。

④硬摧毁威胁。其主要战法是打击节点,破袭体系。硬摧毁可能的打击方式包括:利用卫星、飞机和导弹等实施联合空袭;利用空间定位系统和空中加油机支持作战飞机实施全纵深空袭;利用空地导弹、反辐射导弹等实施远距离精确打击;利用超视距空空导弹遂行空中作战,以及利用隐身轰炸机实施隐身突防、超越轰炸;利用导弹、动能武器、激光武器等对我航天、航空和陆地(海上)目标进行火力打击或动能撞击;等等。

⑤多元威胁。其指将软打击与硬摧毁结合起来的一种攻击方式,是未来国家空天安全面临的主要威胁。为维护本国的空天安全,世界军事强国积极发展自己的航空航天力量,在客观上给其他国家带来了某种程度的挑战和威胁,并使空天威胁在威胁力量、威胁样式、威胁诱因等方面呈现出多元化的趋势。

(3) 发展趋势

世界空天军事变革加速,空天威胁形态持续升级,呈现出新特点和新趋势,对现有防空反导系统的发展提出新挑战。

1) 空天进攻性武器全面升级

无人机多任务能力、自主/协同作战能力达到新高度,将成为未来空袭的主要力量;精确打击武器突防、毁伤、抗干扰等能力显著提升,防区外远程精确打击能力不断增强;弹道导弹更新换代持续加速,新型号杀伤威力更大、突防与生存能力更强;高超声速飞行器技术武器化进程明显加快,临近空间高超声速打击武器将成为现实威胁;网电空间环境日趋复杂,电子对抗更加激烈。未来,空天进攻将形成以空中为主体、网络为中心、空间为支援、临近空间为补充的"空天一体、跨域融合、多维联动"的作战体系。

2) 空天进攻作战样式与概念持续创新

美军针对未来空天作战需求提出了一系列新概念、新战法,启动了一批演示验证项目,其发展与应用将对未来防空反导作战产生重大影响。无人机蜂群作战将显著提升强对抗环境下突破敌防空系统能力;探索分布式空战概念,把空战能力分散部署+大量互操作的有人和无人平台形成作战体系;发展海上分布式打击,使更多的水面舰船具备更强的中远程火力打击能力,形成火力压制绝对优势。

3)技术创新发展与应用推动空天威胁升级

超材料在隐身领域显示出巨大的应用价值和发展空间,无人自主技术进入快速发展阶段,大量无人装备已投入实战应用,为空天作战提供了新平台,衍生出诸多新战法。此外,高效毁伤、综合射频、变循环发动机等技术也将对未来空天作战产生重要影响。

1.2 空天防御

空天防御是维护国家安全的重要屏障,探索研究空天防御作战指挥体系结构具有十分重要的意义。空天威胁已经成为国家军事安全的主要威胁,为了维护国家安全,必须积极构建国家战略级空天防御体系。

1.2.1 空天防御的内涵及组成

空天防御是指在国家最高空天防御指挥机构的统一指挥下,综合运用陆基、海基、空基、天基和网电空间各种作战力量,对航空航天空间、网络电磁空间的各类目标及其武器系统实施的先制、抗(反)击和防护作战行动。

空天防御(作战)在任务上是防空、反导与防天和网电空间防御的统一,在战略上是积极防御与有效进攻的统一,在力量上是诸军种、兵种和军地相关作战要素的统一,在作战上是战略、战役、战术各层次的统一,在指挥上是联合指挥与分散控制的统一,在体系上是信息化条件下美军军事信息处理系统(C^4KISR)各子系统的统一。

空天防御作战强调以防空与防天兵力为主要力量防御敌空天一体化袭击。随着空天袭击武器与空天防御武器系统的发展,空天防御作战将成为未来空间作战的重要样式,其典型作战对象主要有空气动力目标、弹道导弹目标、太空目标和临近空间目标等。

长期以来,空天防御系统伴随着空天威胁变化、国家空天安全需求,特别是空袭方式和手段的发展进步而不断完善,逐步形成了以防空子系统、反导子系统、防天子系统和网电空间防御系统等为主体的复杂巨系统,按作战样式的系统组成如图1-1所示。

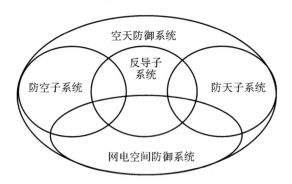

图1-1 空天防御按作战样式的系统组成图

空天防御系统从装备构成上看,主要包括全维预警探测子系统、作战指挥通信子系统、多维拦截打击子系统和作战保障子系统等。其中全维预警探测子系统包括天基预警探测分系统、空基预警探测分系统、陆基预警探测分系统、海基预警探测分系统;作战指挥通信子系统包括指挥控制装备、信息传输网络和导航制导网络;多维拦截打击子系统包括火控攻防分系统和网电空间攻防分系统;作战保障子系统包括后勤保障分系统和装备保障分系统。空天防御按装备的系统组成如图1-2所示。

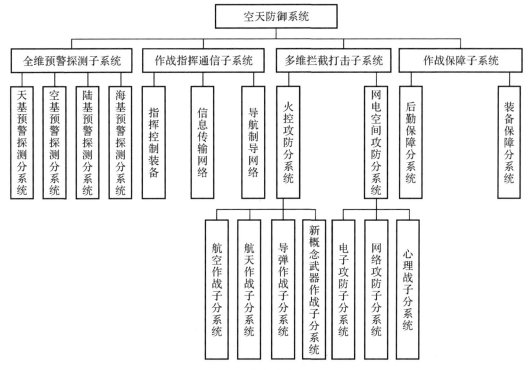

图1-2 空天防御按装备的系统组成图

1.2.2 空天防御的类型

空天防御具有不同类型:按使用武器和抗击目标的性质,可分为战略空天防御和战役战术空天防御;按空天防御的范围,可分为全面空天防御和局部空天防御。

空天防御系统不仅有坚实的理论支撑体系,而且具备系统、庞大、完善的技术支撑体系,从军事作战角度讲,美国导弹防御系统早就构成了一个庞大的全球导弹防御体系并计划将该系统扩展至宇宙空间。在此防御体系中,导弹防御通常包括四大因素,即攻击作战、积极防御、消极防御和作战管理与指挥通信系统(BMC/C^4I)。前三者为对策,后一个是连接协调。攻击作战是指通过攻击敌方导弹发射装置,作战管理系统,侦察、情报、监视和目标瞄准系统,后勤保障系统等手段,防止敌方发射来袭导弹。积极防御是指对来袭导弹在飞行中任何阶段进行拦截并摧毁它们,故又称为主动防御。消极防御是指采用伪装、隐蔽和欺骗等手段,降低敌方来袭导弹的攻击效果,故又称为被动防御。BMC/C^4I系统被用于协调攻击作战,积极防御和消极防御,并将其导弹防御系统与其他作战行动有机地链接成一个整体。它

既包括 C^2MBC 系统又包括预警探测等信息情报系统。

美国的一体化导弹防御体系主要由防御传感器、拦截系统和指挥控制作战管理通信系统等三大部分组成,可通过 BMC/C^4I 系统将空间、地面、海上、空中和太空的预警探测设备、火力拦截武器装备、指挥控制、作战管理、通信设备等有效、无缝连成一体,达成助推断防御、中段防御和末段防御的反导作战目的。这里,助推段是指从敌导弹起飞行到最后一级助推器熄火为止的飞行段,中段是指助推器结束到弹头再入稀薄大气层(约 10 km 高度)为止,末段是指再入稀薄大气层开始至弹头达到目标为止。从拦截角度讲,助推段防御有外大气层杀伤武器(EKV)和多杀伤武器(MKV),中段防御利用地基中段弹道导弹防御(GMD)系统和海基"宙斯者""标准-3"拦截系统,末段防御依靠"爱国者-3"导弹系统和战区高空区域防御(THAAD)系统。

美军以上述导弹防御系统为主体防空、反导与空间对抗手段,在参谋长联席会议直接领导下,通过美国空天防御司令部和美国战略司令部构成了美国空天防御系统体系,如图 1-3 所示。

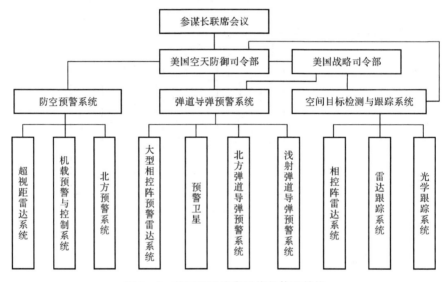

图 1-3 美国空天防御系统的体系结构

1.2.3 空天防御的主要任务

空天防御的主要任务是对空天防御作战实施指挥和控制,主要包括:对主动和被动空天防御作战实施指挥和控制;为积极防御(进攻武器出击)作战实施指挥和控制,并摧毁敌方空天武器及设施;对敌方空天来袭武器提供实时预警信息和太空战场态势,并实施拦截;向国家决策机构、有关指挥机构和武器系统提供完整、及时和可信的来袭目标信息和态势;在授权下,使用武器系统消灭敌方空中来袭目标,以降低己方损失;在授权下,用于威慑手段不奏效时,指挥控制己方进攻性武器系统打击敌方并消除敌方武器系统对己方航天器的威胁,确保己方航天器在空间的合法活动。

1.2.4 空天防御作战体系

空天防御作战体系是各种空天防御组织、作战力量和战场设施组成的有机整体,是国家安全和国防体系的重要组成部分。

现代空天防御作战体系是在传统防空作战体系基础上衍变和发展而成的。传统防空体系一般由情报预警系统、指挥控制系统、防空武器系统和勤务保障系统等组成。信息时代,随着空天作战理论、信息技术、网络技术和航空航天技术的进步,空天武器装备的发展使空天防御体系要素、结构和功能发生了深刻变化,向着防空反导与防天三位一体、进攻防御一体、多军兵种联合和火力信息力协同的方向发展。

根据当前实际,面对未来空天一体作战和国家空天安全需要,目前的一体化空天防御作战体系包括空天防御作战及建设理论、综合信息系统、远程预警手段、天基支援系统、多维攻防火力系统和联合指挥控制系统等六大部分。它在纵向上应包括国家空天防御系统、战略方向空天防御系统、战区战役防空反导系统三个层次,在横向上由上述六大系统组成。纵向上的三个层次,是指国家空天防御的三类力量,即首都及要地战略空天防御力量、主要战略方向空天防御力量和战区防空反导力量。

①综合信息系统。综合信息系统由在战场上分布广泛的信息基础设施构成,包括以计算机为核心的各级信息处理中心、信息传输手段、信息显示设备和各种软件系统。该系统是联接各分系统的纽带,也是实现情报、指控、火力和保障等作战要素一体化的效能"倍增器",这就是常说的美军 C^4ISR 系统或更完善的 C^4ISR 系统。

②远程预警系统。远程预警系统是空天防御作战体系的信息源头,主要由天基、空基、地基、海基预警探测网等子系统构成。该系统用于及时发现、跟踪、监视来袭的空天目标,掌握空天情报,并通过综合信息系统将各类空天信息近实时地传输给指挥控制系统和拦截打击系统。

③天基支援系统。天基支援系统是空天防御作战体系的高端"助力器"。该系统主要由各类侦察卫星、导弹、预警卫星、通信卫星、气象卫星和宇宙飞船、空间站、航天飞机、空天飞机等天基平台构成。该系统用于空天作战天基侦察、导弹预警、通信网络、导航制导、气象保障等,未来可拓展至天基火力和电子对抗平台。

④多维攻防火力系统。多维攻防火力系统就是常讲的拦截打击系统和攻防交战系统,也是空天防御作战体系中的执行分系统。该系统用于实现空天武器平台与敌方空天袭击的体系对抗,进行先机打击和全面反击。该系统主要包括飞机、地(舰)空导弹、高炮、弹道导弹、巡航导弹和新概念防空武器及武器平台等。

⑤联合指挥控制系统。联合指挥控制系统是空天防御作战体系的中枢和核心,也是生成空天防御作战能力和空天联合防御成功的关键部分。它由各级指挥机构、辅助决策、通信枢纽和相应的 C^4ISR 系统构成,通过上述综合信息系统将所有空天防御作战要素无缝地链接成一个有机整体。

1.2.5 空天防御的发展趋势

空天袭击是现代战争的重要形式。日益复杂的安全态势和空中威胁,推动着世界防空反导装备和技术进入新的发展阶段。

近年来,在作战需求和体系化建设的推动下,战争模式与武器装备正在发生重大变革。空天防御以精确打击武器为载体、多系统协同打击的体系化作战为主要特征。为应对威胁,防空反导导弹正在向智能化、自主化、一体化、平台化、通用化、多用化、协同化、跨域化、体系化等方向发展。空天预警探测系统、拦截系统等也取得了长足的进展,各国防空反导实战演练也呈常态化趋势,在未来世界,导弹攻防对抗将日趋激烈。无论是国家信息化发展战略(尤其是军事信息化发展战略),还是空天一体作战发展战略,都是未来发展的必然。

1.3 我国面临的空天威胁及挑战

当前,美军对我军遏制逐步升级,美国为保持绝对空间优势超常发展空天力量,并加强对我国的空天战略遏制,对我方维护领土主权和国家统一构成严重挑战。

1.3.1 面临的空天威胁

我国空天安全面临严峻的威胁与挑战:全方位、全空域的导弹饱和攻击,令防空反导体系面临巨大压力;迅猛多样的飞行器突防手段,对防空反导体系提出严峻挑战。

(1)空天威胁的主要表现

1)空中威胁整体转型

弹道导弹威胁不断扩散;外层空间威胁初显雏形;临近空间威胁加速形成;跨大气层威胁即将出现。运用模式慑、控、战连贯衔接,空中威胁以空天威慑为常态、以空天危机控制为重心、以空天打击为后盾。

2)作战样式加速更新

目前,美空军正在开发有人机与无人机协同攻击、无人机与无人机"蜂群"攻击等作战样式。此外,临近空间攻击和跨大气层攻击也在酝酿之中,其共同特点是既具备空中打击灵活性、敏捷性、精确性强的优点,又具备弹道导弹攻击超高空、超高速突防的优点,是极具发展潜力的空天打击样式。

技术创新发展与应用推动空天威胁升级。超材料、隐身、定向能武器、无人自主技术、网电攻击技术、高效毁伤等一些新技术的创新发展与应用极大地推动了空天安全威胁的升级。

(2)空天威胁的主要类型

1)空天侦察威胁

在全天候、全天时、全纵深、高精度侦察监视之下,机场、雷达、防空导弹阵地、指挥机构、通信枢纽等固定目标,空中飞机、海上舰船及地面机动部队等时敏目标,都将难以隐蔽。在"发现即意味可能被摧毁"的信息化时代,战场透明度大大增强。空天防御作战部署和战场机动将处于空天袭击之敌严密侦察监视之下,空天防御作战将处于战略被动地位,空天侦察已成为国家安全面临的常态性、现实性空天威胁。

2)航空空间目标威胁

航空空间目标作为防空火力系统的传统作战对象,可对海、空、陆上目标实施精确打击。多样化的航空空间目标已构成了实战化的现实威胁。

3) 弹道目标威胁

弹道目标主要是弹道导弹，它具有隐蔽配置、速度快、射程远、突防能力强、命中精度高和破坏力大等特点，可根据作战需要搭载常规弹头、化学弹头或核弹头，从远距离精确打击重要目标，是最具威胁的进攻性武器之一。弹道目标是国家空天防御长期面临的现实和实战威胁。

4) 航天空间目标威胁

航天空间是军事领域的空间"制高点"，目前空天飞机、太空雷和天基动能打击武器等装备的研发已取得突破进展，初步具备压制、"俘获"和摧毁对方航天器的能力，严重威胁天基资源的安全。

5) 临近空间目标威胁

临近空间武器平台能够长时间在战区上空巡航，一旦需要可从空中快速对敌高价值目标实施打击。这种居高临下的突然性攻击可极大地压缩预警时间，具有很强的战略威慑作用。

6) 电磁空间威胁

电磁空间纷繁复杂，各种电子信息装备广泛应用，电磁频谱包含了从超长波、长波、中波、短波、超短波到微波、红外、光波在内的所有频段，涉及通信、雷达、导航、敌我识别、预警探测、制导等多种电磁信号以及相关的电磁设备和系统。空袭作战通常以全面的电磁干扰为先导，电磁轰炸先于火力轰炸并贯穿整个作战过程，形成全频域、全时空的电磁干扰态势，以占据电磁空间的主动权。

7) 网络空间威胁

网络空间具有应用广泛性、信息共享性、互联开放性、互动瞬时性和相对脆弱性等特征。"无网不在""无网不胜"已成为信息化战争的显著时代特征，网络攻击战作为空袭作战重要样式的地位和作用凸显。网络攻击是实现非对称作战的捷径。

8) 空天飞机跨域攻击威胁

空天飞机跨域攻击的基本形式是威慑和进攻。从作战任务的角度看，其具体包括两个方面：一是战略威慑，携带武器进行全天候全球空中机动部署和进入低轨实施巡航警戒，通过力量存在和实力显示对敌实施空天战略威慑；二是战略进攻，在高超音速状态下，通过快速机动对全球范围内的空/地和机动/固定战略目标进行快速精确打击。

9) "低慢小"非军事目标威胁

"低慢小"非军事目标是指低空超低空、慢速飞行的小雷达反射截面积或小几何尺寸目标的非军事目标。由于其自身技术简单，具有自主化、小型化、低空超低空飞行、飞行速度较慢、不易被侦察发现和价格低廉容易获取等特点，所以对国家空中安全构成重大威胁。

10) 非传统空天威胁

随着国际恐怖活动的发展变化，非传统空天威胁日益成为世界各国的"疥癣之疾"。恐怖分子一是利用通用航空器实施空中恐怖袭击活动，二是劫持民航实施空中恐怖袭击活动。

1.3.2 面临的新挑战

空天威胁已成为信息时代国家安全面临的重大威胁，故必须充分认清国家空天安全面临的新挑战。一是天基侦察监视贯穿于平时和战时,是国家空天安全面临的经常性威胁;二是空中打击手段多样,是国家空天安全面临的最大现实威胁;三是弹道导弹呈扩散趋势,已成为国家空天安全面临的严重威胁;四是天基打击武器不断发展,是国家空天安全面临的潜在威胁。

针对美国的空天霸权主义政策和对我国的战略遏制,我们要限制其太空军事化步伐,并加快自身空天系统的建设,对于针对我国的空天挑衅行为,应慑战并举、积极斗争。首先,要建立灵敏的空天情报预警系统;其次,要对已经发生的空天挑衅行为采取相应措施,遏制危险事态的发展。

此外,还应加强与其他国家在空天领域的合作,增强军事互信。在开展航天活动时,我国在遵循国际空间法有关外空自由与和平利用原则的基础上,应继续加强与其他国家在空天领域的合作,增强军事互信,消除太空军事化的趋势,为我国的和平发展创造良好的空天环境。

思 考 题

1. 空天安全的内涵是什么?
2. 什么是空天威胁?
3. 空天威胁的方式主要包括哪几种?
4. 什么是空天防御?
5. 我国面临的空天威胁有哪几种?

第 2 章　反导反临信息支援系统

本章介绍反导反临信息支援系统，主要包括天地一体化信息网络、天基预警系统和弹道导弹预警系统等内容。

2.1　天地一体化信息网络

天地一体化信息网络是指由多颗不同使命任务与性能的卫星，形成的覆盖全球的天基设施，即通过星间、星地链路，将地、海、空、临近空间中的用户飞行器以及各种探测通信作战平台密集联合，以国际互联网协议（IP）为信息承载方式，采用高速星上处理交换和路由技术，按照信息资源最大有效综合利用原则，进行信息准确获取、快速处理和高效传输的一体化高速宽带大容量信息网络系统。其本质就是通过信息网络，将侦察预警、指挥控制、拦截打击等要素有机聚合，以指控系统中枢通信网络为支撑，对各种拦截打击装备进行综合集成，将各武器平台连成一个网络化的有机整体，从而实现一体化的防空反导反临作战。

2.1.1　内涵及组成

天地一体化信息网络的"天地一体化"含义通常有两种：一种是广义上的含义，它至少包括通信、遥感、导航三大系统中的任意两种，且其间有一定程度综合或融合；另一种是狭义上的含义，它只是通信、遥感、导航三大系统中的任一种。天地一体化信息网络的组成如图 2-1 所示。

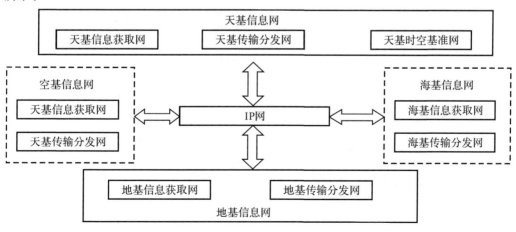

图 2-1　天地一体化信息网络组成图

天基信息系统是利用以卫星为主的航天器获取信息、传输信息、提供时空基准、实施信息对抗的天地一体化信息系统。空基信息网主要包含空基信息获取网和空基传输分发网；海基信息网主要包括海基信息获取网和海基传输分发网；地基信息网主要包括地基信息获取网和地基传输分发网。

天地一体化信息网络的信息网络含义通常有两种：一种是单个天基网（如卫星通信网）与地基网（如地面通信网）通过信息或业务融合、设备综合或网络互联互通方式构成的天地一体化信息网络；另一种是单个天基网（如卫星通信网）自身的空间段（如通信卫星）与地面段（如各种通信地球站组成的系统）通过星地链路构成的天地一体化信息网络。

2.1.2 体系结构

天基信息网络以太空中的各类卫星或星座系统以及地面上的配套设施为节点，以星地、星间的信息传输链路为连接，由地面网络和天基网络互联而成。其中，天基网络主要分为天基骨干网、天基接入网、地基节点网等三部分，地面网络主要由移动通信网节点和地面互联网组成，地面段的地基节点网是由与空间段互联的卫星地面关口站节点组成，而空间段的天基星座网则由低地球轨道（Low Earth Orbit，LEO）卫星节点、中地球轨道（Medium Earth Orbit，MEO）卫星节点和地球静止轨道（Geostationary Earth Orbit，GEO）卫星节点组成。天地一体信息网络卫星轨道示意图如图2-2所示。

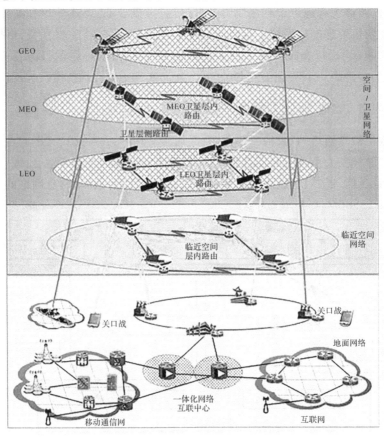

图 2-2 天地一体信息网络卫星轨道示意图

(1) 应用体系结构

天地一体化信息网络重点突出"网络一体、安全一体、管控一体"理念,通过优化网络体系结构,统一传输与路由、接入与控制、安全与防护、运维与管理等技术体制,实现陆、海、空、天多层次联合组网和跨域按需信息共享,最终形成军民融合的国家战略性公共信息基础设施,为政府、军队、企业、大众等各类用户提供全球移动通信、航空应用、海事应用、抢险救灾与反恐维稳等信息服务,满足日益增长的信息化应用需求。天地一体化信息网络的应用体系结构如图2-3所示。

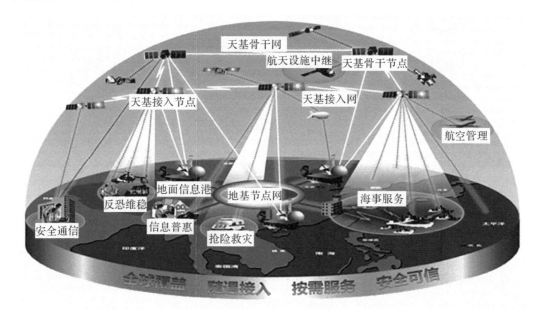

图2-3 天地一体化信息网络应用体系结构

在提供网络服务时,天地一体化信息网络采用"黑盒"结构,通过应用多粒度网络切片、网络资源虚拟化等技术,实现网络资源的物理或逻辑分割,通过网络分域隔离、跨域安全控制等途径,动态构建面向不同应用系统、具有不同安全等级的业务承载网,满足不同应用数据的共网传输,实现多业务融合应用。天地一体化信息网络融合应用模式如图2-4所示。

(2) 系统体系结构

天地一体化信息网络是国家战略性公共信息基础设施,按照统一的体系结构和协议标准,重点建设天基信息网、协同对接地面互联网和移动通信网。天地一体化信息网络应用体系结构用于描述网络如何提供服务与支持各种应用系统;系统体系结构描述总体的组成、相互关系和运行环境;技术体系结构描述系统建设与运行相关的技术体制与标准规范。

天基信息系统网络空间结构复杂且动态变化,覆盖一系列自然空间,如空中、海洋、陆地和太空等,认知和了解其特点及发展状况,是实现天基网络空间可视化表达的前提和基础。

天地一体化信息网络采用"天网地网"架构,即以地面网络为依托,以天基网络为拓展,主要由天基骨干网、天基接入网、地基节点网组成,并与地面互联网、移动通信网融合互联,天地一体化信息网络系统体系结构如图2-5所示。

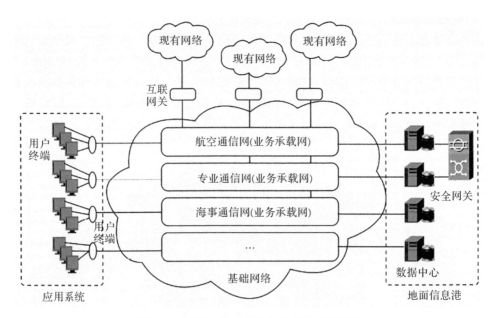

图 2-4 天地一体化信息网络融合应用模式

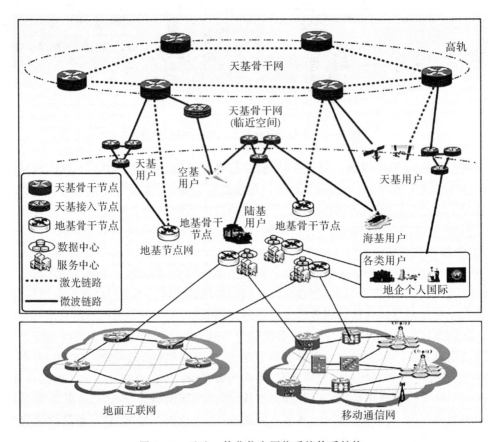

图 2-5 天地一体化信息网络系统体系结构

天基骨干网由布设在地球同步轨道的多个天基骨干节点组成,主要实现骨干互联、骨干接入、宽带接入、网络管控等功能。天基接入网由布设在低轨和临近空间的若干天基接入节点组成,主要实现移动通信、宽带接入、安全通信、天基物联网等功能。

地基节点网由布设在国土范围内的多个地基骨干节点组成,主要实现天地互联、地网互联、运维管控、应用服务等功能。天基骨干网、天基接入网、地基节点网、地面互联网、移动通信网之间通过标准的网间接口(NNI)实现互联,各自独立运行、联合运用,通过用户网络接口(UNI)提供服务。

(3) 技术体系结构

按照"网络一体化、功能服务化、应用定制化"思路,采用资源虚拟化、软件定义网络等技术,从逻辑上将天地一体化信息网络划分为网络传输、网络服务、应用系统等三个层次。同时,立足于提高体系安全防御及快速响应能力,突出安全防护、运维管理的一体化保障支撑作用,形成如图 2-6 所示的"三层两域"技术体系结构。

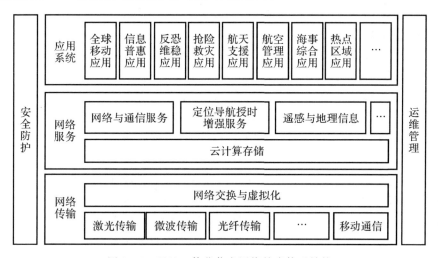

图 2-6 天地一体化信息网络技术体系结构

1) 网络传输层

在统一的网络协议体系下,采用"分域自治、跨域互联"机制,确保各自独立运行和自主演化的天基骨干网、天基接入网、地基节点网等子网协同完成一体化网络路由、端到端信息传输,实现大时空尺度联合组网应用。

2) 网络服务层

在统一的云平台框架下,按照"资源虚拟、云端汇聚"机制,实现天基分布式信息资源向地面信息港聚合,并以多中心形式联合提供网络与通信、定位导航授时增强、遥感与地理信息等服务,形成功能分布、逻辑一体的服务体系。

3) 应用系统层

面向天地一体化信息网络各领域应用,将网络传输、网络服务等功能向用户端延伸,通过网络分域隔离、跨域安全控制等途径,动态构建面向不同应用系统、具有不同安全等级的业务承载网,并与本地应用组合集成,构建满足不同需求的应用系统。

4)安全防护

按照"弹性体系、内生安全"思路,强化物理安全和网络安全一体化设计,从体系结构层面建立弹性可扩展的网络体系,同时形成适应高动态网络特性,并能覆盖网络、服务、应用多层次的网络安全防护体系。

5)运维管理

在统一的运维管理框架下,采用"分级管理、跨域联合"机制,集成综合测控、网络管理、服务管理、运维支撑等手段,通过跨域联合管理,生成全网统一运行态势,支持实现全网资源跨域联合调度,为用户提供一体化运维服务。

2.1.3 关键技术

面对保障国家安全、维护国家利益、普惠社会民生等国家重大战略需求,顺应网络化、一体化、智能化等信息技术发展大势,建设天地一体化信息网络,需要重点突破传输组网、应用服务、安全防护、运维管理和频谱资源管理等五个方面的关键技术。

(1)传输组网技术

面向大时空尺度端到端信息传输与组网需求,研究长寿命高可靠星间/星地高速信息传输技术,吸收现有网络协议体系和软件定义网络、网络功能虚拟化等未来网络技术成果,设计软件定义的网络体系结构,自主创新天地一体化信息网络组网协议,采用以网络资源为中心的统一时空编址、智能寻址和路由、异构网络融合互联和面向差异服务能力的网络虚拟化与切片映射等技术,支持实现天基信息网、地面互联网、移动通信网互联互通和高效融合。

(2)应用服务技术

面向网络化按需服务需求,采用云计算、大数据、分布式数据中心等技术成果,面向空天资源共享与利用,构建多中心分布式云服务平台,采用资源虚拟化、服务封装等技术,实现网络与通信、定位导航授时增强、遥感与地理信息服务的融合部署,并基于固定或机动节点形成统一的服务环境,支持用户(应用系统)按需选取网络服务与本地应用组合,实现智能高效的网络信息服务模式。

(3)安全防护技术

面向物理安全、网络安全一体化需求,采用多维动态重构的安全防御系统架构以及基于安全防护引擎的动态赋能、高可信安全认证与接入控制、基于属性的实名管理及动态授权、多源数据融合处理与安全态势智能感知、多级网络域间安全隔离、统一安全策略管理等技术,提升网络"安全免疫"能力,有效应对网络确定性安全风险和不确定性安全威胁,确保网络和所承载信息的安全可信。

(4)运维管理技术

面向天地一体化运营维护需求,吸收现有网络管理技术,结合天地一体化信息网络特点,建立统一的全网运维管控框架,提供运维管理数据采集、态势生成、资源规划、配置管理、效能评估全过程支撑,通过跨域联合管理,实现统一运行态势生成、故障快速定位以及面向任务的资源规划与配置,提高运维水平。

(5)频谱资源管理

天基系统运行高度依赖频谱资源。火箭发射、航天器进入太空的运行、与地面的通信、对地球观测等都离不开频谱资源。相对于地面无线电系统,天基系统的频谱使用更容易受到干扰。天基系统与地面距离经常以数百或数千千米计算,太空探索更是距离数百万千米。因此,接收到信号强度相对较弱。此外,一些空间应用如气象卫星和射电天文主要是接收较为微弱且无法增强的信号,所以需要更加干净的电磁环境。

2.1.4 发展趋势

从发展趋势上看,天基信息系统网络由单层星座向多层星座、单一功能向多功能拓展,其网络规模越来越大,拓扑链路复杂度也越来越高,尤其是具有高度动态性等特征,使得卫星网络环境日益复杂,容易受到攻击和干扰,空间网络安全问题日益突出,因此如何形象、清晰、直观地可视化表达天基信息网络,是认知、理解和分析天基网络空间资源、环境和态势的重要基础,也是有效监控各种网络安全风险及威胁的重要手段之一。

2.2 美国天基信息系统

天基信息系统由于其得"天"独厚的地理位置,已经成为现代战场作战信息获取、侦察、传输(军事通信)和基准(导航定位授时)的骨干系统,是主宰战场空间和确保军事优势的关键因素之一。

美国是全球天基技术研发和应用最领先的国家,美国政府和商业部门部署了大量天基系统,为美国甚至全球的经济发展和民众生活提供服务。在航天器中,军用卫星约占各国航天器发射数量的2/3以上。未来的天基信息系统将注重直接支持作战的战术应用能力,实现陆、海、空、天作战平台的互联互通,进一步推动美军向网络中心作战转型。

2.2.1 网络中心战与天基信息系统

(1)网络中心战的概念

美军"网络中心战"的实质是通过网络产生战斗力,网络中心战以 C^4KISR 为支撑,由传感器网(Sensor Grid)、信息网(Information Grid)和射手网(Shooter Grid)三大部分组成,通过数据链和通信网络把三大部分联结为一数据链进行一体作战,共同感知战场态势、缩短决策时间、提高指挥效率和协同作战能力,将信息优势转化为作战优势,从而发挥系统最大效能,其体系结构如图2-7所示。

美军全球信息栅格(Global Information Grid,GIG)系统是一个涵盖范围广的网络结构,从系统组成上分为基础、通信、计算机处理、全球应用和作战部队五个层次,它能够为所有的作战部队提供相互共享的作战信息,是实施网络中心战的基础。GIG的空间三层互联传输网络如图2-8所示。

(2)天基信息系统在网络中心战中的作用

目前美国正在大力发展的面向网络中心战的天基信息系统,该系统是应用星间通信技术和网络技术的全面改进提升并全面集成,不仅形成无缝的天基信息综合网,而且所有天基信息的获取、传输、处理和分发等同时纳入了全球信息栅格,改变了一种卫星用于同一类用户的状况,实施陆、海、空、天一体化管理,形成天地一体化网络,实现全空域信息共享和综合利用,使战略、战区、战术各层次上均可实时、近实时利用天基信息。美国网络化作战能力建设如图2-9所示。

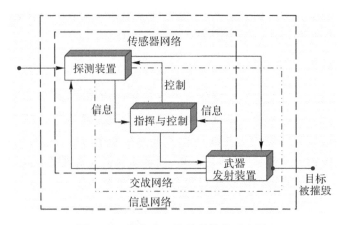

图2-7 网络中心战体系结构示意图

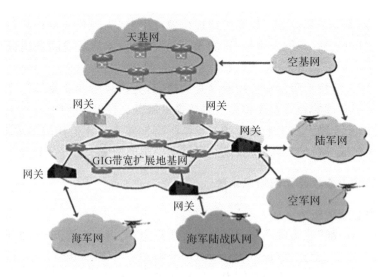

图2-8 GIG的空间三层互联传输网络

图2-9 美国网络化作战能力建设示意图

1) 具有实时的天基监视能力

美国新一代侦察与预警卫星系统"未来成像体系结构""空间雷达""天基红外系统"更多地采用多颗小卫星星座配置,详查与普查相结合,侦察范围可覆盖全球,对特定地区的重访时间缩短到分钟级,能够对移动目标实现近连续跟踪,提高实时数据传输处理能力。新一代侦察与预警卫星系统,或是在一颗卫星上搭配几种不同类型(如光学和雷达)的遥感器,或是几种单一类型的遥感卫星组成系统,加强各种可见光、红外和微波谱段、超光谱、特超光谱等遥感器的综合利用,扩大探测功能(穿透能力、分辨能力和多种参数搜集能力等),不仅增强对伪装目标和地下目标的探测能力,而且能够发现速度在 4~100 km/s 范围内移动的目标。

2) 具有实时的通信传输能力

未来网络化战场的卫星通信业务不仅包括下达作战命令、战况报告、后勤保障等的电报电话,还包括卫星云图、卫星气象、卫星侦察照片、多光谱遥感图像、导弹预警信息、数字地图等的数据和图像传输,而且通过与"全球指挥控制系统(GCCS)"等国防信息系统互连,可向美军分布在全球的陆、海、空三军各级指挥员和机载、舰载指挥员快速提供海量的战场信息,要求数据传输率至少将达到 1 Gb/s。因此,美军未来的军事通信卫星需要全面进行战略到战术的转型,才能满足网络中心战"从传感器到射手"的数据实时传输的需求。

美国在研的新一代宽带和受保护的通信卫星系统 WGS、AEHF 和 TSAT 将广泛应用高数据率通信、宽带通信及跳频技术、星间链路和星上处理技术,提供远远大于 1 Gb/s 的传输能力,达到现役系统的 10~100 倍以上,可充分满足陆、海、空三军战区作战的大数据量、高速通信的战术应用需要。

3) 具有精准定位与制导能力

改进型与新一代 GPS 性能的进一步提高,将更全面地提高美军在精确定位、授时、精确制导与导航等军事领域的作战能力,将使"发现到消灭"的过程更加精准,成为赢得网络化战争不可或缺的因素之一。

天基信息系统主要由各种军事卫星组成:通信卫星、直播卫星、数据中继卫星和导航定位卫星属于信息传输类卫星(信息网);成像侦察卫星、电子侦察卫星、导弹预警卫星、海洋监视卫星、空间目标探测卫星、气象卫星、测绘卫星等属于信息获取类卫星(传感器网);还有反卫星卫星等(作战网)。其中,侦察卫星、预警卫星、通信卫星和导航卫星等是夺取信息优势最重要的天基武器。天基信息系统可将传感器平台、作战指挥控制平台及作战平台无缝连接,进行信息获取、传递和处理,供决策者参考,保障评估和决策,以迅速、准确地下达作战命令和指挥协同作战。

美军的天基信息系统是世界上最先进和成熟的,是 GIG 的天基组成部分。目前在轨的近千颗卫星中,有一半属于美国,其中纯军事卫星约 100 颗,还有 300 多颗民用卫星可为军方服务。美军还考虑部署太空武器,包括激光和动能武器等,以实现在 1 h 内打击地球表面的任何目标。天基信息系统在网络中心战体系中的主要作用有天基情报侦察监视(ISR)、全球通信、导航定位授时、气象侦察、地形测绘、太空武器打击、指挥控制等。

2.2.2 发展现状

美国的天基信息系统性能先进、种类齐全、配套设施完备,下面重点介绍在轨运行的预警侦察监视、通信、导航、气象四类卫星。

(1)预警侦察与监视卫星

军用侦察卫星主要包括成像侦察卫星、电子侦察卫星和红外预警卫星等。

1)成像侦察卫星

美国目前有三种类型的成像侦察卫星在轨:3颗"锁眼-12"(KH-12)卫星;2颗"长曲棍球"(Lacrosse)卫星;1颗"增强型成像系统(EIS)"卫星。KH-12卫星采用先进的自适应光学成像和红外侦察技术,可见光分辨率达到 0.1~0.15 m,红外分辨率达到 0.6~1 m,可对监视区域进行高分辨率光学成像,并监测敌方导弹发射和识别伪装。卫星还具有机动变轨能力,以适应新的作战要求。光学成像侦察卫星的主要缺点是无法穿透云层或在黑暗中侦察,而雷达成像卫星不存在这个问题。"长曲棍球"雷达型成像侦察卫星搭载有各种频段的雷达传感器等成像侦察设备,分辨率达 1 m,具有全天时、全天候侦察能力,可发现伪装的武器装备、假目标等,甚至能对地下一定深度的目标进行探测。EIS 成像侦察卫星(又称"8X"卫星)可弥补前面的锁眼卫星测绘带窄、时间分辨率低、实战应用效果较差的缺点。"8X"卫星光学成像系统分辨率为 0.1~0.15 m,观测幅宽为 150 km×150 km,超过了目前卫星视场的 8 倍,相应的传输数据率也提高了 8 倍,而且装载了合成孔径雷达。

2)电子侦察卫星

电子侦察卫星用于侦收敌方雷达、通信和导弹遥测信号,获取各种电磁参数并对辐射源进行定位,是发现敌方军事行动征兆、侦察敌方军事决策的有效途径。根据侦收对象的不同,卫星采用不同的侦收频段:对雷达信号侦收频段一般在 100 MHz~10 GHz;对通信信号侦收频段一般在 30 MHz~30 GHz;对导弹遥测信号侦收频段一般在 150 MHz~3 GHz。目前,美国主要使用的是第四代电子侦察卫星,如"水星""命运三女神"和"入侵者"等。这种卫星的天线通常非常大,卫星本体显得较小。"水星"电子侦察卫星是准同步轨道电子侦察卫星,采用长约 100 m 的新型军用特种天线,主要进行通信侦察,能够侦听到低功率手持机通信,还可以收集包括导弹试验的遥测遥控信号及雷达信号等。"命运三女神"是低轨道电子侦察卫星,以 3 颗卫星为一组,相互间保持一定距离,用 4 组星就可完成全球不间断监视。美国第五代电子侦察卫星"入侵者"(Intruder)是准同步轨道电子侦察卫星,具有宽频谱、大范围的电子侦察能力和轨道机动能力,是目前最先进的电子侦察卫星。

3)红外预警卫星

红外预警卫星用于监测战略和战术导弹的发射,它利用大的红外望远镜探测导弹发射时发出的红外信号,通过分析这些信号的强度以及与地球冷背景的差别,判别出导弹的型号,并将这些信号送到地面的弹道导弹预警系统,计算出导弹的落点。美国"国防支援计划(DSP)"卫星现已发展了三代,对发射段的洲际战略弹道导弹可提供 25~30 min 的预警时间,对潜射战略导弹的预警时间为 10~15 min。

天基红外系统(SBIRS)是美军新一代导弹预警卫星系统,由高轨和低轨两个部分组成。高轨 SBIRS(SBIRS-High)包括两颗大椭圆轨道卫星和 4 颗地球同步轨道卫星,不仅使小型战术导弹发射的探测能力大幅度提高,而且可在导弹发射后 10~20 s 内传送预警信息,并把来袭导弹发射点确定在 1 km 以内。低轨 SBIRS 现称为"空间跟踪与监视系统(STSS)",STSS 有效载荷由宽视场短波红外传感器和窄视场中长波跟踪传感器组成,对发射段和中段飞行的弹道导弹进行跟踪和识别,为地基雷达捕获来袭导弹和弹头提供信息。SBIRS-High 和 STSS 可全程跟踪探测敌方导弹,其示意图如图 2-10 所示。

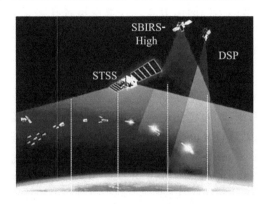

图 2-10　SBIRS-High 和 STSS 全程跟踪探测敌方导弹示意图

此外:美国还有海洋监视卫星系统用于探测、监视海上舰船和潜艇活动;天基空间监视系统(SBSS)用于发现、识别和跟踪空间目标,避免太空垃圾或外来卫星与美国航天器相撞;"轨道快车"计划用于卫星在轨燃料补给、升级和改装任务,以及对敌国卫星的攻击。

(2) 军事通信卫星

1) 宽带填隙卫星(WGS)

WGS 的传输容量为 1.2～3.6 Gb/s,是 DSCS-Ⅲ 卫星数据流的 10 倍,具有双向 X 频段、单向 Ka 频段前所未有的宽带密集应用,如视频流、远程会议、实时数据传输和高分辨率图像等,以支持战术通信应用,此外还可为无人机通信提供支持。后续的 WGS 还可能安装激光通信系统,目前 WGS 卫星已发射了两颗。

2) 先进极高频卫星(AEHF)

AEHF 用以替代军事通信卫星,其通信总容量比军事通信卫星提高了 12 倍,点波束数量增加了近 10 倍,极大地提高了用户接入能力。AEHF 的点波束更小、功率更高,提高了通信的可靠性和数据率,极大降低了敌方侦听和干扰的可能性,提高了支持战术网络的能力及与其他网络的兼容性。

3) 移动用户目标系统(MUOS)

MUOS 是先进窄带系统的军用部分,将采用商用通信卫星技术,不仅能够支持手持和其他终端的"动中通",还能够在上行链路受到严重干扰、存在闪烁、树叶遮挡和有城市多径效应等严酷环境下进行通信。MUOS 卫星星座将由 6 颗工作星和一颗备份星组成,至少能覆盖地球南北纬 65°之间的广大区域。

(3) 导航定位卫星

美国导航定位卫星系统在世纪之交的几场战争中发挥了巨大作用,推动了机械化战争的地毯轰炸向信息时代战争的精确打击转变。在精确制导武器中,激光制导、红外制导和电视制导的精确打击武器很容易受到恶劣天气的影响,而 GPS 制导武器却丝毫不受影响。美军作战部队装备了大量 GPS 终端,为作战提供高精度的导航定位和时间信息。

(4) 气象测绘卫星

气象卫星实质上是一个高悬在太空的自动化高级气象站,通过被动式或主动式遥感器,接受和测量地球及大气层的可见光、红外与微波辐射,将信息传输到地面站并绘制成云图和其他气象资料,是一种典型的军民两用卫星。气象卫星曾在多云雾的科索沃和多沙尘的伊拉克都发挥了重要作用,不间断地提供气象信息预报,为美军制定作战计划、轰炸和侦察任务提供了重要的保障。国防气象卫星计划(DMSP)是美国唯一的军用气象卫星系列,满足军方对全球太空、陆地气象信息的需求。

军事测绘卫星以卫星为基准,测定地面点位坐标,确定地球形状和地球引力场等,用于三维地形、地图测绘、重力场、地磁场测量等国防和民用领域。测绘卫星对卫星和导弹发射、巡航导弹地形匹配制导、末端景象匹配制导及其他武器的精确制导等都有着重要作用。军事测绘卫星与成像侦察卫星的主要区别是:军事测绘卫星获取的是三维成像数据并含有空间位置信息;成像侦察卫星获取的是二维成像数据、不含空间位置信息,主要用于目标的识别、跟踪和监视。近年来随着干涉式合成孔径雷达(InSAR)的发展,可利用多个接收天线或单个天线,多次观测得到回波数据,通过数字地形高程数据(DTED)技术,对目标进行精确三维测绘。因此美国已经不再发展专用的测绘卫星,而是利用成像卫星或导航卫星等协同完成此项任务。

2.2.3 发展趋势

美国已将保持与发展全面天基信息优势作为其军队转型目标之一,以期形成天地一体化网络,实现全空域信息共享和综合利用,使战略、战区、战术各层次上均可实时、近实时利用天基信息,为美军未来网络中心战提供更有力的保障。

目前,美国正在积极推动智能天基信息网络的发展,试图通过天基Link 16、下一代过顶持续红外项目、"黑杰克"等一系列项目构建一个规模庞大、链条完整的智能天基信息网络系统,全面提升网络的数据采集(感知与侦查)、传输(多域通联与分发)、处理(态势感知与情报挖掘)、应用(指挥与控制决策)能力。

(1)更加注重战术应用,与空基装备等联网发展

美国目前的军事卫星系统是为了满足冷战时期国家战略层次上的军事需求,因此其战术应用能力较弱。美军目前的空间系统只有通信卫星系统和导航卫星系统基本实现了战术级应用,而成像侦察和电子侦察等卫星还无法直接支援战术需求。

美军提出的"太空作战快速响应"计划包括快速响应运载器、快速响应战术小卫星和快速响应发射场等。如已经发射的TacSat-2(见图2-11)可以几分钟内就把拍摄的战术图像传递给地面指挥官;TacSat-3可以发现隐藏在树木下面的车辆,探测埋藏在路边的炸弹,发现伪装的部队等。这些快速战术小卫星质量小、轨道低,而且与以往卫星系统的最大不同是传感器直接由美国中央司令部的军队领导层控制,而不再由美国军方航天控制中心控制,因此不必像过去那样等待几个小时或几天才得到响应。

(2)重视卫星高速数据传输,实现宽带互联互通

在海湾战争中,100 Mb/s的通信能力就能满足50万兵力的通信容量需求。而在伊拉克战争中,虽然投入作战的人数只有海湾战争的1/10,但是占用的卫星通信带宽是海湾战争的7倍,这正是跃进到信息和网络中心战时代的特点。现役通信卫星系统容量和传输速

率难以满足网络中心战场高带宽和传输速率的要求,而且各种卫星系统基本上相互独立、互联互通性差、信息不能及时共享和综合利用。

图 2-11 美国空军 TacSat-2 卫星

美军正在发展的多个支持转型能力的新一代卫星通信系统,将部署在不同轨道执行不同任务的航天器及各种陆海空作战平台互通互联。以低轨小卫星编队构成的星座通信系统与战场态势分发系统等共同组成天基数据链,能支持大量移动用户的中低速率传输,可为三军提供可靠、安全和互操作的公共业务传输平台。

(3) 提高精准定位与制导性能

改进型与新一代 GPS 系统具有更高的抗干扰能力,更高的导航、定位与授时精度性能,将更全面地提高美军精确杀伤链的能力,成为网络中心作战关键因素之一。美国在几次局部战争中使用的是第二代导航定位系统的 GPS-IIR 型卫星,其 P 码精度达到 6 m,导弹的 GPS/INS 制导精度达到了数米至十几米;第二代最新改进型 GPS-IIR-2R-M 与 GPS-IIF 型 P 码精度达到 3 m,使导弹的 GPS/INS 制导精度达到了数米;GPS-III 系统发射功率将比现有卫星提高 100 多倍,信号强度至少增加 20 dB,导航定位精度提高到 $0.2 \sim 0.5$ m,从而使 GPS 制导的炸弹命中精度达到 11 m 以内。如果说第二代导航卫星可以使汽车在街道自动行驶,第三代导航卫星则可使汽车找到车库门。

(4) 星上处理多功能、多模式、星座化,实现全球无缝覆盖

大卫星具有造价高昂、维护不便、应急发射困难、战术保障和快速反应能力有限等缺点。随着微电子、微机械、高性能计算机、轻型大天线等高新技术的发展,高性能、质量轻、成本低、组网灵活、机动发射的小卫星受到青睐。以星座方式或以编队飞行方式工作的微小型卫星系统具有较强的生存和重构能力,用作中低轨移动通信系统,可满足军事行动"动中通"的要求,用作侦察监视,可同时增大空间覆盖范围和提高时间分辨率,满足未来战争对卫星侦察的需要。卫星的多功能化也是重要的发展方向,可以一星多用,降低综合成本。如混合型成像侦察卫星搭载有光学和雷达成像侦察设备,是成像侦察卫星未来的发展方向。星上信息处理技术可在星上执行本应由地面系统完成的任务,使集获取、处理及分发于一体的卫星成为现实,对天基信息系统的自主运行、提高生存能力和综合分析能力、减轻天地信息传输压力、减少用户终端体积和质量等具有重要意义。

(5) 军用和民用卫星界限模糊化

由于未来的军事需求与天基信息系统的能力仍存在较大差距,而民用卫星的技术性能在不断提高,这就为军事需求提供了新选择。如美国在战争中使用了许多民用通信卫星来补充军事通信卫星的能力缺口;美国国家图像测绘局(NIMA)的军事制图任务全部采用民用卫星图像制作,而不发展专用的系统;美军已把军事气象卫星(DSMP)系统和极轨运行环境卫星(POES)系统合并为美军国家极轨业务环境卫星(NPOESS)系统,不再发展专用的军用静止气象卫星;美国国防部低价订购了铱星公司的低轨道卫星星座,极大地提高了美军移动通信能力。

成像卫星在民用和军事侦察上都具有较大的应用价值。民用往往要求成像卫星具有宽的测绘带宽和高精度的辐射定标,具有中等分辨率的图像(一般低于 5 m)。军事侦察在强调测绘带宽的同时,更强调高分辨率。但随着卫星图像应用于城市规划,有些国家已开始发展军民两用对地成像卫星,其分辨率进一步提高,使军用和民用的界线越来越不明显。

此外,由于开发军事卫星的成本较高,美军对开发近太空飞行器用于部分取代低轨卫星系统有着很大兴趣。目前,美军正在开发的近太空飞行器项目越来越多,如美国国防预先研究计划局(DARPA)用于预警监视和通信中继的综合传感器亦即飞行器结构(ISIS)的平流层飞艇,空军倡议开发的"近太空机动飞行器",约翰斯·霍普金斯大学设计的可充气、一次性使用的高空气球及太阳能无人机等。

(6)重在系统整体能力构建,空间段信息处理应用能力有待提升

从现有的情况来看,美国天基信息网络仍处于前期的能力演示验证与基础设施搭建阶段,几大系统或通过弹性分散的体系架构,或通过通用化的平台设计,或通过搭载增强的侦查、监视、通信载荷使天基网络具备能够应对未来威胁挑战的强态势感知、安全多域通信的能力,在数据信息的采集和跨域传输方面获得了极大进步,去中心化的弹性架构也使得系统具有更强的灵活性与抗毁能力。同时各系统相互借力,相互补充,能够形成各作战域间完整通畅的信息通道。但在空间段,对于信息数据的处理应用能力仍然较弱,囿于星上处理能力的限制,数据的挖掘与应用难以完全由星上实现。为此,美国正在搭建地面段的支持系统,通过地面强大的算力融合多个系统数据,开展大数据下的情报分析与行动决策的工作。

(7)大力发展激光星间链路,促成星间高速通信网络

从各项目卫星的搭载载荷来看,激光星间链路载荷已成为未来卫星的标配能力,不论哪一层面、何种功能的卫星,都需要将自身收集到或处理过的信息数据最终下发到各个作战域的指战人员手中。此外,卫星间的信息交互也是实现星间智能协同、分布式计算的基础。因此,不论是以侦查监测能力为主的下一代顶持续红外系统,还是以中继或通信为主的传输层卫星都将搭载星间光通信载荷,在最近发布的 7 层体系架构的传输层 1 期的招标中明确将光通信终端作为重点采购对象。

(8)注重各系统互操作能力,空间段与地面段系统向通用化发展

从美国对未来卫星平台、载荷及地面系统的要求来看,平台及系统通用化,系统间具备互操作性已成为其重要关注点之一。为了强化天基信息网络去中心化、弹性抗毁的能力,需要打破各系统、各运营商自成体系和互不兼容的局面,建立相关软硬件标准,使得来自任意厂商、任意功能的载荷都能快速集成到卫星平台中。在具体实施方面,美国太空发展局已经明确定义了激光星间链路与光通信终端的标准,各厂商需据此提供硬件设备,由此实现相互

兼容联通。

(9) 借助商用力量，加快国防太空架构发展

近年来，美国商业航天高速发展，卫星制造成本与发射周期不断优化，同时 Starlink、OneWeb 等公司打造的巨型低轨星座展现出的低时延通信能力也为战区外远程发射、武器末端制导及无人机数据交换提供了可能。天基红外监视卫星如图 2-12 所示。美军《2020 联合作战构想》提出了未来几十年内天基信息系统发展的四个概念和主要目标，美军天基信息系统未来发展方向见表 2-1。

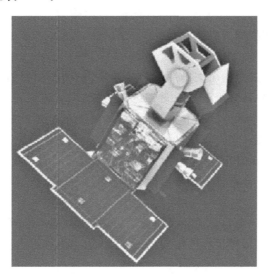

图 2-12　天基红外监视卫星

表 2-1　美军天基信息系统未来发展方向

概　念	主要目标
太空控制	确保太空利用、侦察、保护、防止、拒止
全球交战	综合性集中侦察、导弹防御、作战应用
所有力量综合	政策与条令、民众、信息、组织
全球的合作伙伴	在盟军之间提供通用太空服务保障

2.3　天基预警系统

弹道导弹以其速度快、突防能力强、精度高、打击力度大、机动性和隐身性好等诸多优点，使得世界各国都开始认识到弹道导弹的强大威胁，争先开展弹道导弹防御系统，尤其是天基导弹预警系统的研究工作。

天基红外系统是美国冷战时期国防支援计划（DSP）红外预警卫星系统的后继，作为美国空军研制的新一代天基红外探测与跟踪系统，它是美国弹道导弹防御系统探测预警的核

心环节,其天基红外监视卫星如图 2-12 所示。

2.3.1　天基预警系统的功能

天基预警系统主要包括导弹预警卫星、中继通信卫星、地面数据处理和指挥控制系统及其他辅助设备。其中,导弹预警卫星通常采用两种运行轨道:大椭圆轨道和地球同步轨道。大椭圆轨道卫星的近地点在南半球,离地球约 600 km;远地点在北半球,离地球约 40 000 km。而地球同步轨道卫星在赤道上空,离地球 35 800 km,与大椭圆轨道卫星形成互补,形成对地球的 24 h 覆盖。

天基预警系统工作流程可以按照每个阶段的不同功能,分为六个阶段:

(1)早期预警阶段

导弹预警卫星在极其短的时间内探测到弹道导弹,同时预警信息处理系统接收预警卫星传输回的相关信息,并且与天波超视距雷达协同合作,对该预警信息进行验证,在确认信息真实性后发出警告信号,并且向相应的远程预警相控阵雷达下发引导信息。

(2)探测与跟踪阶段

当预警装备接收到预警信息后,会立刻对预警信息进行分析处理,并向远程预警雷达提交所形成的数据结果,引导雷达对预警目标进行探测、跟踪和数据收集。

(3)弹道预测阶段

远程预警雷达收集预警目标的相关信息后,将探测数据传输回预警系统中,由系统对目标弹道进行估算,并预测预警目标的出发点与落点,这些信息都会被一起再次传送到预警信息处理系统之中。

(4)识别与分类阶段

在控制雷达实现成功交接之后,对其已经接受到的探测信息实行精确定轨,同时结合各个雷达上报的预警目标的特征信息,与数据库内相关信息进行比对,确定来袭导弹的诱饵、类型、真弹头等综合信息,并将目标识别的结果进行发布。而系统在此时就需要向武器系统发布精确的跟踪信息,提供拦截导弹的路线等精确数据。

(5)威胁评估阶段

在预警装备获取足够的目标信息后,就能够对目标进行威胁评估,将已经获得的信息和经系统处理后的信息与系统中已有的对应策略进行比对,如果无法匹配,则不属于威胁目标,武器对其作出拦截计划;但是一旦匹配,就需要立刻将威胁评估的结果发布给指控和拦截系统,及时进行拦截。

(6)杀伤评估阶段

在综合利用武器系统后,对预警目标的打击效果进行实时评估并公布评估结果,如果目标成功被拦截,则系统恢复第一步的预警阶段;如果目标未被成功拦截,则预警信息处理系统将继续为武器装备提供目标的相关指示信息。

2.3.2　美军天基预警系统

天基预警系统是美军作战体系的"千里眼",是预警侦察系统的主要组成部分,主要用以探测战略导弹威胁。随着不断升级的信息技术越来越广泛地应用于军事领域,天基预警系统的性能也随之提升。天基预警系统侦察范围广、速度快,且不受地理、国界限制,已成为美国获取军事情报信息的重要手段,也是美国获取战略预警情报的主要来源。

美国现役天基预警系统主要包括"国防支援计划(DSP)"卫星、"天基红外系统"大椭圆轨道卫星和"空间跟踪与监视系统(STSS)"低轨卫星。美国现役天基预警系统示意图如图2-13所示。

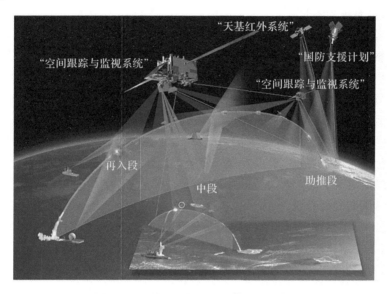

图 2-13 美国现役天基预警系统示意图

(1) DSP 卫星系统

DSP 卫星系统是美国部署的第一种实用型预警卫星系统,先后研制部署了三代,共 23 颗卫星。经过三代发展,DSP 卫星在探测战略弹道导弹方面已达到相当成熟的实战水平。当前,仅有 4 颗 DSP 卫星在轨服役,卫星位于地球同步轨道,主要任务是为美国指挥机构和作战司令部提供导弹发射的探测和预警。DSP 预警卫星系统是美国战略预警系统中最重要的预警手段,主要目的是对来袭的洲际弹道导弹和潜射导弹进行预警。其首要任务是实时探测及报告导弹和航天器的发射,同时还承担监视爆炸、监督核试验条约的执行情况和搜集其他感兴趣的红外辐射数据的任务。

1) 组成

卫星部署在地球静止轨道上(35 780 km),4 颗为工作星,1 颗为备份星。4 颗工作星的典型定点位置是:西经 37°(大西洋)、东经 10°(欧洲)、东经 69°(东半球及印度洋)和西经 152°(太平洋)。备份星定点于东经 152°(印度洋东部)。

2) 工作方式

卫星上装有发射机、接收机和天线,形成 8 条加密的通信链路,用于承担下行卫星数据和接收控制指令的任务。DSP 卫星上的有效载荷主要包括红外望远镜、高分辨率电视摄像机和天线。红外望远镜和卫星星体轴线之间有 7.5°的夹角。卫星星体轴线指向地面。当卫星星体以 6 r/min 的角速度自旋时,产生恒定的圆锥扫描。导弹发动机点火后,红外望远镜可探测导弹助推段尾焰的红外辐射,电视摄像机同时拍摄电视图像,并连续发送回地面站。经地面人员辨别分析不是虚警后,地面站计算机自动将卫星所测得的导弹发射数据及红外信号特征数据与事先存入机内的已知数据进行比较,计算出弹道,预测出导弹的落点范围;然后将弹道数据和落点数据传给作战部队和导弹拦截部队。在导弹继续爬升阶段,随着星载望远镜循环往复地进行圆周扫描,DSP 卫星又可获得几组观测数据。多重数据的取得,增加了导弹弹道的可信度,为导弹落点和导弹飞行时间的预报提供了更强有力的依据。

3) DSP 卫星系统的不足

随着信息化时代的到来,高新技术武器装备不断发展和应用,战争环境也变得更加复杂,高技术战争的主动权和胜负就越来越依赖于空间技术的支持。而 DSP 在战争实践中逐步暴露出一些不足,如:无法跟踪中段飞行的导弹;扫描速度过慢、地面分辨率低,对目标定位能力差;对国外设站依赖性强;存在虚警和漏警问题;适于探测战略导弹,对战区导弹探测能力差;地面站的处理容量不够;工作方式单一。而且 DSP 卫星系统对助推段燃烧时间短、射程近的战区导弹的探测能力十分有限,难以留有充足预警时间。鉴于以上因素,美国决定不再继续发展 DSP 卫星系统,重点发展 SBIRS 卫星系统和 STSS 卫星系统,以逐步取代 DSP 卫星系统。

(2) SBIRS 天基红外系统

SBIRS 是由美国空军研制的新一代天基预警系统,也是美国导弹防御系统的一个组成部分。它可用于全球和战区导弹预警、国家和战区导弹防御、技术情报的提供和战场态势的分析等。

1) 组成

天基红外系统是一个包括多个空间星座和 SBIRS 卫星地面站的综合系统。卫星星座由天基红外系统低轨卫星(SBIRS - Low)和天基红外系统高轨卫星(SBIRS - High)两部分组成。其中,高轨部分负责导弹助推段探测与跟踪,低轨部分负责导弹中段和再入段跟踪,以及弹头识别。美国天基红外预警系统构成如图 2 - 14 所示。

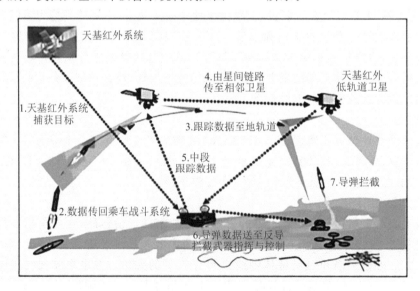

图 2 - 14　美国天基红外预警系统构成示意图

2) 工作方式

SBIRS采用双探测器体制,每颗星上装有"扫描"型和"凝视"型2台探测器。高轨卫星主要用于探测助推段导弹,扫描速度和灵敏度比DSP卫星高10倍以上。它的扫描型探测器在导弹点火时就能探测到喷出的尾焰,然后在导弹发射后10～20 s内将警报信息传送给凝视型探测器,由凝视型探测器将目标画面拉近放大,获取详细信息。这种工作方式能有效增强探测战术弹道导弹的能力。低轨卫星主要用于跟踪在中段飞行的弹道导弹和弹头,引导拦截弹拦截目标,与现有系统相比可将防区范围扩大2～4倍。它的宽视场扫描型短波红外探测器用于观察导弹发射时的红外辐射,发现战区战术导弹目标;窄视场凝视型多光谱跟踪探测器用于中段和再入段跟踪导弹,以提高目标信息获取速率。通过扫描和凝视两种方式的观测,对陆地、海上和空间的导弹发射、导弹类型、诱饵的撒布都有一定的观测和识别能力。

这些探测器将按从地平线以下到地平线以上的顺序工作,捕获和跟踪目标导弹的尾焰及其发热弹体、助推级之后的尾焰和弹体以及最后的冷再入弹头,实现对导弹发射全过程的跟踪。其探测距离可达10 000 km左右,分辨率为几十甚至几米。通过对导弹和弹头弹道的跟踪,可以获得导弹弹头的空间位置、飞行速度、加速度,从而根据数据库数据进行识别判断真假目标和导弹碎片,卫星上的处理系统将预测出最终的导弹弹道以及弹头的落点,并及时通知地面雷达系统和反导弹打击系统,使得战区导弹防御(TMD)系统和国家导弹防御(NMD)系统的防御区域扩大,能力增强。组装中的美国天基红外预警卫星如图2-15所示。

图2-15 组装中的美国天基红外预警卫星

(3) 空间跟踪与监视系统

STSS 主要用于跟踪全球范围内的、从发射到再入的弹道导弹,并将处理后的数据提供给拦截弹以引导拦截弹的飞行,此外还可辅助用于空间态势感知以及战场评估等。STSS 卫星工作波段包括可见光和短波、中波、长波红外。每一颗卫星包括两种探测器,可以独立探测和瞄准目标。其中一个是捕获探测器,这是一种宽视场扫描短波红外探测器,用来观测助推段的导弹尾焰。一旦探测器锁定目标,信息将传送给另一种探测器——跟踪探测器,这是一种窄视场高精度凝视型多波段(中波、中长波、长波红外及可见光)探测器,能锁定一个目标并对整个弹道中段和再入阶段的目标进行跟踪。飞行在多个轨道面上的低轨道卫星将成对地工作,以提供立体观测。星间通信(频率 60 GHz)用于弹头中继跟踪的信息通信;星地通信(频率 22/44 GHz)用于卫星测控和遥感数据下行。整个 STSS 卫星星座将利用卫星内部的交叉链路实现卫星之间的通信连接。当一颗卫星所跟踪的导弹离开它的视线,它可以将目标的位置告知第二颗卫星,第二颗卫星将继续跟踪目标并将有关引导信息提供给拦截武器。必要的情况下,这种传递可以在整个星座中继续下去,直到目标被摧毁或无法再探测到目标。

(4)美国天基预警系统的主要特点

美国天基预警系统是当今世界最具代表性的天基预警系统,突出地体现了现代战略预警体系的特点。

1)系统集成水平高

美国天基预警系统分层部署,相互取长补短,既相互衔接又互有重叠,可实现全天时、全天候连续探测和监视,并且生存能力很强,确保了空间预警系统的稳定可靠和发挥最大效益。SBIRS 的监视范围相当广阔,其高轨道卫星部分在保持与 DSP 有序分工的同时,准备陆续用 4 颗专用的 SBIRS 高轨道卫星取代赤道上空地球同步轨道上的 DSP 卫星。另外,整个天基预警系统还采取最优化的技术集成,通过信息网络与其他预警系统有机组合,形成一体化的预警系统。

2)任务实施多元化

美国天基预警系统可满足新时期美军对战略和战区弹道导弹预警的需求,能出色完成对战略弹道导弹预警任务。SBIRS 低轨道卫星带有被动探测器和可见光探测器,可按照指示相互独立地观测不同的方向,提供全球覆盖(低于地平线和高于地平线),探测在助推段和中段飞行的弹道导弹。SBIRS 低轨道卫星还可为地基拦截弹提供超视距制导,增大拦截弹的防御区域。

3)定位准确度高

美国天基预警系统的性能不断改进,定位精度更高,敌我识别能力更强。每颗 SBIRS 高轨道卫星还带有一个单独的探测系统,可连续监视选定的地域。SBIRS 高轨道卫星可用两颗卫星来凝视导弹的助推段,不仅可确定弹道轨道的方向,还可确定导弹开始进入弹道轨道时的飞行速度和高度,所提供的估测数据更为精确。SBIRS 低轨道卫星可指示附近另一颗 SBIRS 低轨道卫星对目标进行成像,为目标的三维立体成像创造条件,并有助于识别目标与诱饵。

4)反应即时性强

美国天基预警系统通过系统整合与集成,将预警信息获取、处理、分发融为一体,大大缩短预警时间,使反应时间达到秒级,便于信息栅格即插即用,作战单元可在任一时间、任一地点获取战略预警信息并实施指挥控制。

2.3.3 俄罗斯天基预警系统

俄罗斯的导弹预警卫星计划起步较晚,其系统中一直采用两个互为补充系列的卫星:一个是运行在大椭圆轨道的眼睛(OKO)预警卫星(运行周期为12 h),另一个是运行在地球同步轨道的预报(Prognoz)预警卫星(运行周期为24 h)。俄罗斯大椭圆轨道上的眼睛卫星主要用来覆盖美国洲际导弹发射场,而地球同步轨道上的预报卫星则用来实时监视导弹与卫星的发射,并进行核爆炸探测,与前者互为补充。另外,主动侦察卫星(US-A)为主体的主动雷达型海洋目标信息支援系统、海洋侦察卫星(US-P)为主体的电子侦察型海洋目标信息支援系统、"莲花-S"海洋电子侦察卫星和"蔓"新一代天基信息支援系统共同构成了俄罗斯天基预警系统。

(1) 大椭圆轨道的眼睛预警卫星

大椭圆轨道的眼睛预警卫星成圆筒形,带有6块大型太阳电池帆板,配备有红外探测器,以探测导弹发射的尾焰。它只能监视美国陆基导弹发射,而不能监视海基导弹的发射,这使得俄罗斯的预警卫星系统对于从四处游弋的潜艇发射的拦截导弹一无所知,成为聋子的耳朵。在危机时期,俄罗斯天基预警系统的盲点,将会使俄军对可能遭到的美国发动的先发制人的攻击毫无还手之力。

(2) 同步轨道预警卫星

俄罗斯的同步轨道导弹预报预警卫星经历了两个阶段的发展。

1) 第一代同步轨道预报预警卫星

首颗同步轨道试验型预警卫星宇宙7750实际上就是发射到同步轨道上、未经任何改装的眼睛卫星。这些预警卫星由于探测器分辨率和电源系统设计上的缺陷等问题,不能符合苏联的预警需求,因此决定研制开发第二代同步轨道预报预警卫星。

2) 第二代同步轨道预报预警卫星

首颗第二代预报卫星重约2 500 kg,有一个直径约为2 m的主仪器舱、两块大型太阳能电池帆板和一个重达4 t、用来保护仪器免受杂散辐射影响的锥形罩。星载硫化铅电荷耦合器(CCD)红外探测器直径约为1 m,不仅能探测到导弹发射,还能探测到高速飞行的飞机。

(3) US-A主动雷达型海洋目标信息支援系统

US-A主动雷达型海洋目标信息支援系统由两颗卫星为一组,成对运行在高度约250 km、倾角65°的同一轨道上,相互保持准确的时间间隔。卫星上雷达主动发射脉冲信号,并接收目标的反射波,用以测定目标的位置和外形。两颗卫星同时测量可消除或减少杂波的干扰,容易探测到较小目标。

(4) US-P电子侦察型海洋目标信息支援系统

US-P电子侦察型海洋目标信息支援系统(EORSAT)及US-P电子侦察型改进型(US-PU)卫星目前仍在轨运行。其侦察方式为被动侦察,通过对海上目标雷达辐射信号的跟踪监视,掌握大型舰船和舰艇编队的海上分布和活动动向,同时也可对部分岸基雷达实施侦察,并具有向俄罗斯装备反舰武器的水面舰艇和潜艇提供实时侦察和跟踪敌海上目标数据的能力。

(5)"莲花-S"海洋电子侦察卫星和"蔓"新一代天基信息支援系统

俄罗斯的"莲花-S"海洋电子侦察卫星(Lotus)主要用于截获和侦听敌方无线电发射的信号,未来还计划与搭载了雷达载荷的新型"芍药-NKS"侦察卫星(Pion-NKS)相配合,组成俄罗斯"蔓"新一代天基信息支援系统(Liana)。该系统可跟踪敌方陆上战车、空中飞机和海上船只的移动,形成目标移动实时指示图,为精确打击提供支持。

(6)俄罗斯天基预警系统远景展望

在美国一意孤行地部署国家导弹防御系统(NMD),而俄罗斯自身的天基导弹预警系统已经不能满足自身导弹预警需求的情况下,俄罗斯总统普京曾表示,俄罗斯再穷不能穷航天兵,要保证航天兵合理而充足的经费保障。俄罗斯在大力发展航天武器的同时,会不遗余力地修补早已支离破碎的天基预警系统。目前,俄罗斯预警卫星采用的传感器主要是以中短波红外传感器为主,这种传感器不仅造成虚警率高,而且只能侦察到导弹在助推段时羽焰所发出的红外辐射信号,而导弹助推时间大概在 90~240 s,当导弹助推完毕进入自由飞行时,弹体温度急剧下降,弹体所发出的辐射信号波长超出了俄罗斯现有预警卫星的侦察范围,因此,俄罗斯预警卫星真正能够捕获导弹并成功实施预警的时间很短。一旦弹道导弹在主动飞行阶段没有被发现并进入了中段飞行后,现有的中短波红外预警卫星只能眼睁睁地看着弹道导弹划破天际、自由飞行,自己却毫无招架之力。

为了改变这一状况,俄罗斯的天基预警系统有可能向美国预警卫星的发展方向靠拢,从使用单一波段到多波段结合,在弹道导弹主动段飞行时,仍旧以探测技术比较成熟的中短波为主,而到了中段飞行时,则改用长波传感器,这样可以大大增强天基预警系统的预警能力和成功预警概率。也有可能抛弃红外传感器,完全改用毫米波段的天基雷达来实现天基预警,或者天基雷达与红外探测设备结合使用,在导弹主动段主要采用红外探测器进行探测,而天基雷达进行辅助探测,导弹进入中段之后,利用天基雷达的高分辨率成像和动目标显示功能,成功捕获导弹目标的各种参数,并发回地面指挥中心进行分析研究。

未来几年内,俄罗斯将把一个完整的高分辨率航天雷达星座 Arkon-2 发射入轨,其几家企业和实验室正忙于研发这些航天器。该多功能卫星可以提供高分辨率和中度分辨率的图片,用于国家导弹防御。Arkon-2 计划的实施不仅意味着俄罗斯制造的雷达卫星将重返轨道,还意味着俄罗斯将在卫星情报市场获得一个立足点。

2.3.4 关键技术

根据天基预警系统工作流程可知,天基预警系统中亟待解决的关键技术有如下几个方面。

(1)系统总体设计技术和集成技术

由于作为预警目标的弹道导弹具有非常复杂的特性,所以对于预警探测装备的要求也非常严苛。在预警探测装备内部,不仅需要广泛的部署预警探测装备,而且需要这些探测装备之间能够实现紧密的协作,具有较高的时效性。在预警探测装备外部,由于对接的装备、系统较多,需要传输的信息多种多样,对外关系较为复杂,因此需要对系统进行总体设计,并对集成技术加强研究。通过对系统工程思想的结合和系统工程方法的运用,同时辅以先进的网络通信技术、系统分析技术等,对预警装备内部的各个组成要素综合集成,建立一体、高效、合理运作的预警系统,实现天基预警系统的作战。

系统总体设计技术和集成技术是发展天基导弹预警系统的重点,主要包括预警体制、星座设计和探测器配置等。

预警体制方面,"高低两层、多种手段、协同预警、全程覆盖"是主要目标,"高轨红外预警卫星+地基预警雷达"是主要实现手段。纵观国外天基预警系统的发展过程,尤其是美国天基预警系统的发展过程可知,美国预警卫星技术经历了从单一的地球静止轨道到结合大椭圆轨道,再到高轨道组网与低轨道组网相互配合的发展过程。高低两层协同预警能够借助高低两层预警卫星系统间的相互协作和优势互补,达到对弹道导弹的全程预警。美国未来的天基红外预警卫星系统在设计上所遵循的正是高低两层协同预警的原则。更值得一提的是,通过与反导系统紧密结合,美国天基红外系统的低轨卫星能提供反导防御系统所需的目标跟踪、识别和杀伤评估,拦截弹能够根据低轨卫星的跟踪数据发射和修正,还能够引导陆基和海基雷达跟踪目标,增加其探测跟踪能力,天基红外系统的低轨预警卫星部分显示出巨大的作战潜力。由于经济实力不如美国,以及所遵循的发展思路不同,俄罗斯的天基导弹预警系统的设计思路则为高轨红外预警卫星+地基预警雷达的典型配置,这种方式能够依靠有限的几颗高轨预警卫星达到对弹道导弹的有效预警,其中,地球同步轨道预警卫星则扮演着越来越重要的角色。同时,法国、日本和印度都基本采用这一方式对预警卫星系统进行配置。

探测器配置策略方面,扫描型是实现天基预警的有效途径,而扫描型+凝视型是未来的趋势。美国天基红外系统中每颗预警卫星上均装有扫描型、凝视型两种类型的红外敏感探测器,其中,宽视场高速捕获扫描型红外敏感探测器用于扫描并捕获目标,它一旦捕获到目标,便将信息转给星上的窄视场精密跟踪凝视型红外敏感探测器。其中,捕获探测器为短波红外探测器,而跟踪探测器则包括几个可见光、中波、中长波及长波红外多色探测器,可见光遥感探测器用于导弹基地和导弹类型的鉴别,短波红外遥感探测器用于导弹发射时的侦察,中波红外遥感探测器用于导弹发射后的跟踪侦察。俄罗斯在探测器配置方面,目前仍以扫描型为主,但有资料显示,为进一步提高天基预警系统的探测能力,其亦在寻求并尝试扫描型+凝视型的探测器配置。

(2)探测器相关技术

探测器相关技术具体包括以下几个方面:一是大规模集成焦平面阵列技术,超大规模微电子集成电路制造技术是实现红外焦平面阵列技术发展的关键。二是探测元尺寸微缩技术,为实现1兆级以上的高密度焦平面阵,必须缩小探测元尺寸。三是双色和多色阵列技术,为了提高目标的有效识别能力,需要在多波段上对目标的辐射特征进行同时探测,通过比较不同辐射波长处的辐射特征,提取有效的目标信号。为了降低误警率,未来的发展趋势必然是使用多色红外焦平面阵列、采用高速目标探测识别与信号处理系统等技术。四是非致冷红外焦平面阵列技术,非致冷工作的红外焦平面阵列技术已经历了数十年的发展,目前已能做到77 K的工作温度,未来将向非致冷红外焦平面阵列发展。

(3)预警信息应用相关技术

预警信息的有效应用需要数据处理能力出色的地面站和传输能力强大的语境信息通信

链路的支持,需要大力缩短预警信息到达前线作战部队的时间,这既需要缩短预警信息的处理能力,还要简化通信链路,缩短通信链路的长度。以美国天基预警系统为例,为了节省时间和提高系统的灵活性,美国对预警信息通信链路暴露的弱点进行了改进,研制装备了能够机动部署、可同时接收三颗预警卫星数据的移动地面站,该系统可对三星数据直接进行处理并在战区内分发,具有很高的实时性和灵活性。未来的天基红外系统的地面系统则包括任务控制站和数据接收/中转站,主要用于对天基预警卫星进行数据接收、数据处理和轨道测控,可分运行站、备用站和抗摧毁站三类,布设于世界各地,其中美以外地面系统主要为数据接收/中转站。

另外,随着空基预警平台对弹道导弹探测能力的不断提高,其在反导预警体系中的作用会进一步增大,如何将其有效融入以天基预警系统为主的反导预警体系中,达到天基预警信息与空基预警信息的一体化融合处理将迫在眉睫。因此,处理能力超强的地面站系统应是比较好的选择。

(4)天基预警雷达卫星平台设计技术

天基预警雷达系统是一个全新的系统,载荷的质量、体积、功耗均远远大于在轨运行的雷达载荷。在卫星平台设计中需重点突破大热耗卫星系统热控方法、大型相控阵天线展开机构技术和大功耗供配电技术等。

1)大热耗卫星系统热控方法

卫星的天线为大型的外露设备,结构复杂,实现大面积阵面的等温化是热控设计的一个难点;天线工作功耗很大,并且不同模式下功耗变化范围大。如何降低天线阵面温度,减小温度波动是热控设计的又一个难点;热控设计方案还需要满足卫星和天线多姿态工作的指标要求。

2)大型相控阵天线展开机构技术

天基预警雷达为保证探测威力,采用超大相控阵天线,尺寸达数百平方米,而同时卫星发射时又要保持比较小的体积,如何有效在空中展开天线并保证相应精度是天基雷达研究的一个重点。天线展开机构技术主要包括天线展开机构系统设计、低冲击压紧释放装置研究、大输出力矩联动驱动展开技术和大型高精度天线的试验验证技术。

(5)天基预警雷达载荷系统技术

天基预警雷达作为天基预警雷达系统的核心载荷,其性能的优劣对天基预警雷达系统整体性能起着决定性的作用。

1)天基预警雷达载荷总体技术

天基预警雷达载荷总体技术主要包括目标特性分析,深冷空间电磁传播特性分析,工作频率选择和波形设计以及雷达资源管理,等等。

2)片式有源相控阵技术

天基预警雷达要求的天线面积非常大,如不采用特殊结构的轻型天线,将使整个卫星平台和运载火箭无法承受。片式有源阵列模块(TAAM)是一种可与不同载体平台自适应共形的有源相控阵天线。通过将一个复杂的射频子系统与天线高效集成,形成与载体共形的灵巧蒙皮,从而构成一个多功能天线孔径。这样既能增加天线的有效口径,减小天线的体积、质量,又能保持载体平台原有的空气动力学特性。

3) 宽禁带高效雷达 T/R 组件技术

天基预警雷达系统研究中,卫星平台对载荷的一个重要的限制就是电源功率限制,如何在有限的电源功率下尽可能提升载荷威力是天基预警雷达研究中首先需要解决的问题。T/R 组件的效率是制约雷达效率的一个重要部分,其中特别是发射功率管的效率问题。常规功率管的效率仅有 20%~30%,在导致能量大量浪费的同时也增加了系统散射设备的复杂度和增大了质量。宽禁带高效 T/R 组件技术的突破将对天基预警雷达的研制起到巨大推动作用。

4) 先进的信号处理与目标跟踪技术

卫星平台的快速运动不但使得场景的杂波谱分布在空间和时间上具有特定的耦合关系,而且会导致目标回波在积累期间存在距离走动、跨多普勒走动等问题,给信号处理带来困难。这就需要天基预警雷达系统采用先进的信号处理技术抑制杂波、检测目标。

5) 天基预警雷达高可靠性技术

天基预警雷达研制费用高、运行维护难,通常要求一次试验成功,并且要求系统能够在空间长时间运行,这就对空间预警雷达的可靠性提出严峻的挑战。因此,必须采用各种措施加强天基预警雷达的可靠性。

(6) 数据融合技术

数据融合技术是将多个传感器或者多个来源的不同信息进行整合并进行综合处理,以形成最终的较为准确且可靠的结论。由于弹道导弹预警探测的难度较大,在弹道导弹拦截过程中,需要不断对弹道导弹进行追踪并获取实时信息,因此信息量十分巨大,且对时效性的要求非常高,此时如果不能实现有效的数据融合与筛选,就很有可能错失拦截的最佳时期,甚至导致拦截失败。要想实现成功拦截,就必须在最短的时间内获取最为重要的信息,这就要求多源信息融合处理技术的不断提升与增强。

(7) 各系统协同作战技术

在弹道导弹防御体系内,所有作战信息的综合处理与作战资源的协同作战,其根本目的都是提高作战效能,实现作战效能的最大化。要想实现作战效能最大化,就需要加强系统之间的协同作战,尤其是预警探测系统与指挥控制系统的协作,预警探测系统与武器系统的协同,前者的目的是最大程度上减少作战反应时间,同时实现作战资源利用的最大化,后者是为了对预警目标进行精确指示,并进行多次拦截。

2.3.5 发展趋势

目前,美国重在系统整体能力构建,空间段信息处理应用能力有待提升;大力发展激光星间链路,促成星间高速通信网络;注重各系统互操作能力,空间段与地面段系统向通用化发展;借助商用力量,加快国防太空架构发展。美国天基信息系统发展的趋势如下:

(1) 星座架构坚持高轨为主,有限度发展低轨卫星

低轨星座项目的卫星数量需求大、星座管理复杂且成本高,而且存在难以跨越的技术障碍难题,自低轨星座项目提出以来,美军一直维持着对低轨预警系统的有限度发展,目前仅有 2 颗卫星在轨演示验证。美国进一步整合天基低轨卫星星座的组织管理,统筹太空体系架构建设。目前,航天发展局与导弹防御局均在发展天基低轨预警系统。美国政府和国会

均已意识到多部门发展天基低轨预警项目可能带来一定的负面影响。

美国未来天基低轨预警系统需要先进通信与数据处理技术的有力支持。美国新一代低轨预警系统采用分布式的卫星星座,预计跟踪层在轨卫星数量将达到百余颗的量级。较大规模的卫星星座对于星间通信和数据处理能力都提出了更高的挑战,需要解决所需的带宽以及低延迟通信等问题。因此,美国在提升天基低轨预警能力的同时,还将发展更为先进的天基激光通信、信号处理以及数据融合等技术,从而为天基低轨预警系统提供必要的支撑和保障。

美国诺斯罗普·格鲁曼公司STSS-1低轨卫星如图2-16所示。

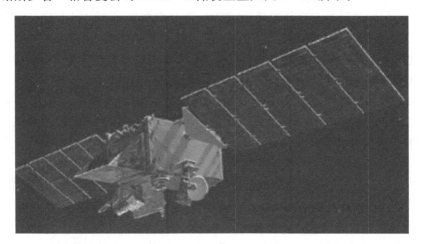

图2-16 诺斯罗普·格鲁曼公司STSS-1低轨卫星

(2)系统体系结构倾向于功能分解、多轨道、多作战域部署

随着空间安全环境变化,美军空间系统面临的威胁不断加剧,脆弱性日益增强,加上国防预算削减影响,将难以继续沿用旧有空间体系。为实现分散式空间系统体系结构,美军在白皮书中规划了五种模式,即结构分离、功能分解、有效载荷搭载、多轨道部署、多作战域部署。

美国空军已着手考虑下一代天基预警系统体系架构,采取了其中多种模式。在功能分解方面,美国空军希望下一代卫星能够将战略预警和战术预警能力进行分解,但预算的缩减迫使美国空军将未来导弹预警系统的重点关注集中于战略威胁任务;在有效载荷搭载方面,美国空军提出了商业搭载有效载荷方案,研究在商业卫星上搭载军事专用有效载荷的技术,以实现利用商业卫星快速、灵活地搭载军用载荷的目标;在多轨道部署方面,美军在高中低轨均部署有预警卫星;在多作战域部署方面,美军积极将天基预警系统与地基、海基红外传感器联合使用,提高发射探测和导弹跟踪能力。

(3)高度重视发展宽视场传感器技术

美国在考虑下一代天基预警系统建设时,将主要精力和经费投入均集中在有效载荷研制上,如推进宽视场传感器的研制。美国空军尤为重视宽视场传感器试验,认为这些试验不仅有助于空军下一代SBIRS评估任务架构,还有助于空军开发算法,以处理升级版传感器焦平面技术所提供的大量数据。

(4)发展一体化的预警系统

为提高获得对广阔空域内目标的探测识别与跟踪能力,美国提出建立一体化的预警系统。天基预警系统与空中预警系统、陆基预警系统一道组成了多层次、全方位的一体化预警探测系统。美国着眼一体化要求,在发展天基预警系统时,注重建设一个高效的一体化平台,实现预警情报资源与各手段系统的最佳配置与整合。同时,通过全球网络栅格,利用星间链路和作战管理站,融合处理快速分发获取的信息,推动预警系统网络化发展,确保预警信息共享和综合利用。

1)预警探测系统向空天地一体化发展

美国天基预警系统面临着空天威胁一体化的挑战,需要对巡航导弹、隐身空袭兵器、远程武器投射平台、弹道导弹以及空间、临近空间作战平台等实施全面监视。

空天地一体化的预警通过多基、多类型传感器的有机集成,实现预警信息融合处理和快速分发,将极大提高拦截概率。空天地一体预警的显著优势,将使其成为今后弹道导弹防御预警系统建设的主要发展方向。

2)指挥控制系统向网络化、智能化、战略战术一体化发展

随着指挥控制系统自动化程度的提高,防空反导作战指挥控制系统可利用网络技术、智能技术等提高作战指挥的连通性、协同性和自主决策能力,更为灵活地根据需要自动组网,形成特定战场态势图,实现对战场态势感知的共同理解,对战略、战役、战术行动的一体化指挥。据称,美军已完成现有全球指挥控制系统(GCCS)到网络使能指挥控制系统(NECC)的升级,实现战略到战术的指挥一体化,各级部队可采用类似 Web 网页浏览的方式,随时随地使用 NECC 中的情报信息分析、态势图融合、战备状态分析、兵力运用与部署演示、自适应决策等通用功能。

3)拦截系统向反导反卫一体化发展

美国的助推段防御系统主要用于拦截助推段飞行的洲际弹道导弹与远程弹道导弹,附带反卫星功能,中段防御系统主要用于拦截中段飞行的洲际弹道导弹、中远程弹道导弹,同时兼有打击低轨卫星能力,末段防御系统集拦截战术弹道导弹、巡航导弹、有人驾驶作战飞机和无人机的功能。

IBCS 是美陆军新一代防空反导指控系统,为陆军防空和反导系统建立一个以网络为中心的解决方案。IBCS 的兼容型号包括"爱国者"系统(PAC-3)、末段高层防御系统(THAAD)、陆基先进中程空空导弹(SLAMRAAM)、联合对地攻击巡航导弹防御用网络传感器系统(JLENS)、改进型"哨兵"雷达系统、中程增强防空武器系统(MEADS)。IBCS 的核心能力是一体化火控网络集成,通过集成火控网实现任意使用传感器和武器来完成防空反导任务,使作战空域增大 125%、拦截范围扩大 135%、拦截机会增加 50%。美国一体化防空反导反临体系如图 2-17 所示。

(5)扩展天基预警系统的战术应用

DSP 预警卫星系统更适于探测跟踪战略导弹,难以满足现代信息化战争中对战术导弹预警的要求。为此,美军对 DSP 和 SBIRS 卫星系统制订了多项技术改进计划,如在地面用超高速计算机处理卫星数据以缩短预警时间,选择合适的红外探测器波段和灵敏度,将 SBIRS 低轨道的工作星座缩小到 8 颗,使应用范围从战略层次向战术层次延伸。美国将

SBIRS 建成兼顾战略和战术要求、以战术应用为主的天基预警系统,以提高直接支援部队作战的能力。

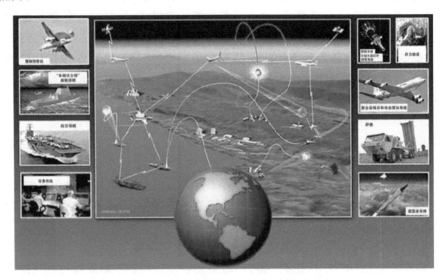

图 2-17 美国一体化防空反导反临体系示意图

(6)实现天基预警系统的网络化

美军目前已经建立了以卫星作为获取和传递信息为主要手段的军事信息结构,在现代高技术局部战争中发挥了重要作用。但目前的军事信息结构也有其缺陷,由于不同的系统由不同的机构进行管理,所以互操作性差,服务功能单一。美军建立了一个全球国防信息网,预警卫星的发展将充分利用军、民、商和盟国航天系统,建设综合性航天体系结构,利用星间链路和作战管理站,融合处理、快速分发航天系统获取的信息,并将陆、海、空、天的所有信息全部纳入全球防御信息网,确保信息共享和综合利用。到 2025 年,通过星间通信、星上数据处理和信息融合,逐步实现天基预警系统的网络化。

(7)构建微小预警卫星星座

微小型卫星具有发射灵活、反应快速、成本低廉等优点,可满足应对突发事件和局部战争的需要,美、俄、欧盟、日本都在大力发展微小型卫星。微小型卫星多以星座形式部署,生存能力强、侦察监视范围大、重访周期短,在未来军事领域的应用十分广泛。美国天基红外系统低轨道卫星就将采用小卫星组网,在小卫星上配备捕捉传感器和跟踪传感器,用以发现、跟踪在中段飞行的弹道导弹和弹头,引导拦截弹拦截目标。

美国天基低轨预警系统向分布式的小卫星星座转变,重视提升系统的弹性与生存能力。美军认为当前的作战系统越来越依赖太空资源,但随着反卫星武器以及进攻性网络武器的发展,天基系统面临严重的威胁和挑战。

(8)与他国合作发展天基预警系统

美、俄两国共同出资改造设在莫斯科的一座导弹预警设施,以建立双方共同运行的联合数据中心。美俄双方通过该中心交换导弹和航天发射信息,监视其他国家的导弹发射,并向双方提供近实时的预警数据。预警信息的共享分三个阶段实现。第一阶段,双方通报各自的预定发射情况；第二阶段，双方提供更详细的航天发射信息和 500 km 以上射程导弹的发射信息；第三阶段，双方将任务扩大到探测并通报其他国家的导弹发射。美国与以色列也在联合开发导弹预警网。美、以军方共同试验了一种高速计算机化导弹预警网。该预警网能将来自美国"国防支援计划"卫星、"宙斯盾"舰载雷达和以色列陆基"绿松树"雷达的导弹预警数据，与来自其他保密渠道的情报融合在一起。这一综合预警系统的初步模拟试验已取得成功，双方能够分别在以色列和美国从计算机屏幕上看到各种数据的合成显示。

美国高度重视天基预警卫星系统的发展，加速开展相关工作，推动向可防御的太空态势转变，持续保持太空优势。天基信息系统从未来作战性能需求的角度分析，其发展趋势主要为：一是发展新一代导弹预警卫星系统，卫星平台向长寿命、大功率、多功能、高性能、高灵敏与机动方向发展。二是利用现代商业卫星技术，天基信息获取系统技术向长时间、高光谱分辨率、高灵敏、高机动、大幅宽的侦察跟踪技术方向发展；向多种探测手段和模式结合、多轨道卫星组网的监视预警技术方向发展。三是拓展更丰富的波段，天基导弹预警系统将突破现有的红外体系，向更丰富的波段拓展；天基信息传输系统技术向大容量、高速率、动中通、可网络重组、强抗干扰/截收等技术方向发展。四是天基信息支持与保障系统技术向长寿命、高精度定位与授时、强生存能力、抗干扰等技术方向发展。

2.4 弹道导弹预警系统

弹道导弹预警系统是国家防御系统中的重要组成部分，有了它的存在，国家的弹道导弹防御网才算是彻底建成。弹道导弹预警系统用于早期发现来袭的弹道导弹并根据测得的来袭导弹的运动参数提供足够的预警时间，同时给己方战略进攻武器指示来袭导弹的发射阵位，因此它是国家防御系统中的一个重要组成部分。对弹道导弹预警系统的主要要求是：预警时间长，发现概率高，虚警率低，目标容量大，并能以一定的精度测定来袭导弹的轨道参数。

2.4.1 主要功能

弹道导弹预警系统探测有关来袭导弹的各种信息（发射时间、发射地点、导弹型号、导弹数量、导弹国籍、落地位置、落地时间等），并通过专门的数据传输系统将情报信息报告给国家的军政领导层，以给其相对充足的时间做出决策（防守或是反攻，出动常规部队或是使用战略核部队）。对弹道导弹预警系统而言，及时发现导弹目标和确保探测数据的准确性是第一位的。

弹道导弹预警系统通常由预警卫星监视系统和地面雷达系统组成。地面雷达系统又分为洲际导弹预警雷达网和潜地导弹预警雷达网。根据来袭导弹在不同飞行阶段的物理现象，可以采取不同的探测手段进行监测。工作波长从可见光、红外一直到微波波段。

（1）预警卫星监视系统

预警卫星监视系统主要用于判定来袭导弹的发射位置，记录发射时间并粗测导弹的速度矢量和弹道射面。该系统由多颗同步卫星组成，卫星上装载有可见光和红外波段扫描探测器，能探测导弹主动段飞行时的发动机喷焰和核爆炸。用长波红外技术还可探测刚熄火的运载火箭和弹头。该系统发现目标早,不受地面曲率的限制,但虚警率高。为了提高测量精度和降低虚警率,正在发展低轨道预警卫星。

(2)洲际导弹预警雷达网

洲际导弹预警雷达网是由多部地面雷达组成的雷达网,能覆盖导弹可能来袭方向的全部视界,能为对付来袭洲际导弹提供 15~25 min 的预警时间。雷达网通常选用早期预警雷达及目标截获和识别雷达,作用距离在 2 500~5 000 km 的范围内。

(3)潜射导弹预警雷达网

潜射导弹预警雷达网由多部地面雷达组成,雷达网覆盖海岸线以外潜艇可能发射的阵位,在方位上的搜索空域很宽,通常选用多阵面全固态相控阵体制对付来袭潜地导弹,能提供 2.5~20 min 的预警时间。射潜导弹的发射阵位经常变换,来袭的方向不定,因此还可以采用空中机载或卫星装载的专用预警系统。

2.4.2 主要技术

根据应用波段的不同,导弹预警技术分为红外预警和紫外预警两种方式。两者共性工作原理为:系统将目标和背景发出的辐射接收,辐射信号中包含紫外和红外两个波段。然后通过一些算法软件以及高速的图像处理硬件对所接收的信息进行提取,得出所探测目标的特性以及目标的运动曲线,然后将这些信息作为情报提供给系统。

(1)红外预警

早期的导弹预警都以红外预警为主,这是因为由于导弹尾焰辐射的谱线在 2.7 μm 和 4.3 μm 处具有特征峰,且二氧化碳和水蒸气对这两个谱段有强烈的吸收,所以早期的导弹预警大都选择这两个谱段。红外预警系统这种被动工作方式有着自身的一些优势,例如抗干扰能力较强、隐蔽性较好、可在任何时间工作。

但是,导弹发动机在很多技术方面的改进,正在努力降低导弹尾焰在这个两个特征峰处的辐射强度。目前,国外已经生产设计出了导弹尾气中不含有二氧化碳和水蒸气的发动机,这导致导弹尾焰中的红外辐射大大降低,使得红外预警的虚警率大大增高,并且目前所发展的激光武器大都集中在红外波段,对红外预警系统的安全性也产生了一定的威胁。因此单纯的红外预警系统已经不能满足技术发展的需求,紫外预警系统应运而生。

(2)紫外预警

紫外预警光学系统通过探测导弹尾焰中的紫外辐射,达到对导弹进行预警的目的。无论导弹采用任何材料,其尾焰中都会含有紫外辐射。紫外预警是利用"日盲紫外"探测飞出大气层外导弹尾焰的紫外辐射。"日盲紫外"是指 190~285 nm 的谱段,其形成主要是由于太阳辐射(紫外辐射的主要来源)的这一波段的光波绝大部分被地球的臭氧层所吸收,只有极少数的自然太阳光能射到地面。当目标物体的高度超过 50 km 之后,由于臭氧的减少,大气对紫外波段的吸收作用下降,所以紫外目标信号增强。因此当军事目标譬如导弹出现在臭氧层之外的时候,其发动机尾焰的紫外辐射不受大气吸收和衰减的影响,到达紫外探测设备的信号较强,而背景信号很小并且很平滑,紫外探测仪接收到的紫外信号的信噪比就相当高,从而达到对军事目标进行探测预警的目的。

红外预警和紫外预警各有其优势,但是单一的预警方式很难对目标进行有效的探测。

为了减少虚警率,提高预警效率,紫外-红外双色预警作为新型导弹的探测跟踪手段,对于完善导弹防御系统具有十分重要的意义。

2.4.3 发展方向

目前的导弹预警系统大都基于天基探测,但是天基探测具有成本高、在轨维护比较困难的特点。目前对于临近空间载荷的需求越来越迫切。临近空间(Near-space)是空天一体化作战的重要战略领域,处于太空和天空之间的区域,向上可威胁天基平台,向下可攻击航空器等空基平台,甚至地面目标,并可以相对较低的成本完成通信、遥测、情报、侦察和监视等各种军事任务。作为一个新兴的研究领域,临近空间将传统的航天与航空联系在一起,在未来空间攻防、信息对抗、一体化联合作战方面具有重要的应用价值和特殊的军事战略意义。

导弹预警系统建设和发展的主要方向有以下几方面:

(1) 提高自身的信息保障能力

扩大探测范围,增强探测能力;不管是针对战略导弹还是战役战术导弹,都能快速准确地探测出有关来袭导弹的各种信息,并做出威胁等级评估。

(2) 完善自动化指挥控制系统

不断完善自身自动化指挥控制系统的功能,并实现其与总部自动化指挥控制系统、各军兵种自动化指挥控制系统之间的无缝连接;实现与中央侦察系统、各军兵种侦察系统、其他情报侦察系统、各防空指挥所之间的情报信息共享,确保数据交换畅通无阻。

(3) 加强情报合作

加强与太空导弹防御系统之间的情报合作,提高预警信息的准确度。

(4) 发展和完善预警卫星侦察网

发展和完善预警卫星侦察网,形成完整的地面雷达侦测网,使导弹袭击预警系统拥有全球监测的能力。因此,世界主要军事强国正在对临近空间平台的军事应用展开深入研究,从而在未来的军事对抗中获取优势及主导地位。

思 考 题

1. 天基一体化信息网络的内涵及组成是什么?
2. 天基一体化信息网络的关键技术有哪些?
3. 简述美国天基预警系统的主要构成。
4. 天基预警系统的关键技术有哪些?
5. 浅析弹道导弹预警系统的主要功能。
6. 浅析弹道导弹预警系统的主要技术。

第 3 章 弹道导弹防御系统

本章简要介绍弹道导弹防御系统的基本概念及工作原理,重点介绍国外弹道导弹防御系统、弹道导弹防御系统的关键技术、弹道导弹防御系统的发展方向及趋势等内容。

3.1 概 述

弹道导弹亦称弹道式导弹,是由火箭发动机推送到一定高度并取得一定速度及弹道倾角后,发动机关闭,弹头沿着预定弹道飞向目标,飞行轨迹绝大部分为自由抛物体轨迹的导弹。弹道导弹可携带核弹头和常规弹头。

3.1.1 基本概念

弹道导弹防御系统是用于探测、拦截并摧毁正在高速飞行的敌方弹道导弹弹头,使弹头失去或减弱进攻能力的武器系统。通常包括预警探测系统、目标跟踪系统、拦截武器系统和作战管理、指挥控制与通信系统。

弹道导弹防御又称反导防御,针对弹道导弹飞行各阶段的特征,发现、跟踪、识别并将其击毁。弹道导弹发射后很难探测,更难摧毁,因此威胁极大。敌方可远距发射弹道导弹,发射地可能会在其他责任区内,而且可能在各种气象条件下发射。不论敌方弹道导弹采用高弹道还是低弹道飞行,其飞行速度极高,防御方反应时间极短,会给防御方构成极大威胁。弹道导弹包括近程、短程、中程、中远程、潜射型和远程/洲际弹道导弹,其弹道通常分为三个飞行阶段,即推进/上升段、中段和末段。正在发展中的高超声速武器兼具中远程弹道导弹/洲际弹道导弹的速度、射程优势和飞航式导弹的机动优势,对防御系统的挑战更大。

弹道导弹防御系统通常的防御对象有两大类:一是作为战略武器使用的洲际弹道导弹和中远程弹道导弹;另一类是作为战术武器使用的中近程战术弹道导弹。

3.1.2 工作原理

(1)基本工作原理

弹道导弹一般为垂直发射,其弹道分为主动段和被动段。主动段是动力飞行段,是导弹在发动机工作时的飞行弹道段,被动段指导弹在发动机结束工作后的飞行弹道段,是从主动段终点到命中目标的这一飞行段。被动段可分为自由飞行段和再入段。从弹头与弹体分离到弹头再入大气层这一段称为自由飞行段,自由飞行段的前段称为末助推段,其后段称为中段。弹头从再入大气层到弹头落地的这一段称为再入段(也称末段)。

当弹道导弹发射升空后,预警探测卫星通过其红外探测系统对弹道导弹发动机尾焰的红外辐射特征进行探测、发现,并跟踪导弹,同时计算出导弹的飞行方向、飞行弹道、飞行时间、射程及落点位置等信息,确认是否对己方构成威胁,并将相关信息和数据传送给作战管理中心;与此同时,地面雷达开始搜索、发现并跟踪导弹;指挥员在了解和判断有关情况后,立即向部队下达作战命令,作战部队发射一枚或数枚拦截武器对威胁弹进行拦截;作战管理中心继续处理由天基红外系统和陆基雷达传来的信息,并提供给拦截武器,使其更好地识别弹头和诱饵等假目标;杀伤拦截武器利用其弹载系统探测和识别目标,并以碰撞或近爆方式击毁目标;地面雷达继续搜集有关数据,对拦截效果进行评估,并判断是否需要再次拦截。

(2)反导工作原理

反导过程分为上升段反导、中段反导和末端反导三个阶段。

1)上升段反导

上升段就是弹道导弹刚刚发射,正在进行加速,一直到飞出大气层的阶段。这个阶段的速度是最低的,高度也是最低的。理论上这个时候选择进行拦截是最容易成功的,而且导弹拦截肯定越早越好。但是这个阶段就涉及到一个问题,一般弹道导弹发射的地方都是发射方腹地,远离被攻击方,处于相对安全的位置。所以基本上是没机会在这个阶段进行拦截的,因此这个阶段的反导技术研究较少。

2)中段反导

中段就是弹道导弹已经完成上升段的加速,在大气层外飞向目标的过程,这个时候弹道导弹的速度快,飞行高度最高。在这个阶段进行拦截,时间上比较充裕,即使拦截失败,还可以进行末端拦截,这也是军事大国争夺的军事制高点。但是中段反导也并不容易拦截,因为这个阶段高度最高,有几百千米甚至上千千米高。对探测和跟踪系统要求高,需要非常强大的综合性早期预警和探测系统,需要精确地跟踪目标;对反导拦截弹的性能要求射程远,速度快。中段反导主要拦截中远程和洲际弹道导弹,属于战略性武器装备,能够改变战略平衡。

3)末端反导

末端就是弹道导弹重返大气层,已经临近目标上空,进入俯冲攻击阶段,这个时候已经非常接近攻击目标,速度达到最大,高度也非常低。

在这个阶段进行拦截,反应时间非常短,而且弹道导弹的弹头速度非常快,甚至还有多弹头,拦截的难度也不小。末端拦截主要是应对近程弹道导弹,这类导弹由于射程近,只是在大气层内飞行,采用末端拦截弹就够得着。

3.1.3 作战过程

为了拦截并摧毁来袭弹道导弹弹头,防御系统必须成功完成一系列任务。首先,它必须探测到弹道导弹的发射,判断导弹飞行的大致方向。导弹发动机耗尽关机后,防御系统必须立即探测弹头和伴随弹头的任何其他物体(如弹体残骸或诱饵),然后开始跟踪这些物体,预测它们的飞行弹道。如果防御系统分辨不出真弹头和伴随目标，它必须跟踪所有可能的目标。防御系统必须朝每一个目标的预示拦截点发射一枚或多枚拦截弹。发射拦截弹后，防御系统必须持续跟踪每一个目标，为拦截弹提供飞行弹道修正信息。当拦截弹离指定目标达到某一距离时，发射杀伤飞行器。杀伤飞行器通过自己的探测器探测目标，必要时，还要分辨真弹头和伴随的假目标。最后，杀伤飞行器寻找弹头并直接命中弹头。

（1）发射探测

早期预警卫星在地球同步轨道上采用红外探测器来探测导弹助推段的高温尾迹，提供粗略的导弹发射点位置和飞行弹道信息。

从早期预警卫星上获得的数据反馈给防御系统战场管理中心。根据早期预警卫星提供的发动机燃烧时间的长短、发射位置以及飞行弹道的粗略信息，作战管理中心能判断出导弹是否威胁防御方本土、防御系统是否需要拦截来袭导弹。

（2）弹头探测和跟踪

导弹发动机耗尽关机后，早期预警卫星就不能探测到它了。运用卫星提供的有关导弹助推段的信息，防御系统的其他探测器继续探测跟踪弹头及其他导弹弹体残骸、诱饵等。在跟踪目标一段时间后，防御系统逐渐提高对导弹飞行弹道的估算精度，确定拦截弹释放杀伤飞行器的具体空间位置。

防御系统用来跟踪弹头的探测器包括早期预警雷达、新型 X 波段地基相控阵雷达及使用红外和可见光探测器的星载跟踪系统。防御系统拦截弹从发射至拦截到目标的飞行距离较远，因此需要及时跟踪来袭目标以便使拦截弹尽早发射，这一点很重要。特别是，如果进一步发射更多拦截弹，在发射前系统要观测一次或更多次拦截结果，这一点更为重要。因此，除了部署在拦截弹基地的雷达外，防御系统还需要很多部署在前沿的雷达来跟踪来袭导弹，并引导拦截弹将其摧毁。

（3）弹头识别

如果导弹弹道释放了许多目标，一旦防御系统探测到这些目标，就必须判断出哪些是真弹头，哪些是诱饵。否则，拦截弹数量有限的防御系统将会面临耗尽所有拦截弹的风险。

（4）拦截弹制导

在防御系统已经确定要拦截哪一个目标后，将向预测拦截点发射一枚或多枚拦截弹。防御系统拦截弹由一个三级助推器和一个外大气层杀伤飞行器组成，杀伤飞行器在助推器发动机耗尽关机后与助推器分离。助推器使杀伤飞行器加速到 $7\sim 8$ km/s，杀伤飞行器在大气层外通过小推力发动机进行侧向机动。

一旦向特定目标发射了拦截弹，防御系统将继续跟踪目标和拦截弹，更新预测拦截点。然后，防御系统的任务就是引导助推器和杀伤飞行器飞向特定的空间位置（称为捕获点），在该空间位置，杀伤飞行器能用它自己的探测器探测目标。在到达该点后，杀伤飞行器将能自动寻的并击中目标。捕获点将由防御系统根据估算的目标飞行弹道计算出来。

（5）杀伤飞行器寻的

杀伤飞行器通过高速碰撞摧毁目标，一旦杀伤飞行器与目标足够近，杀伤飞行器上的红外探测器和可见光探测器就能用来探测目标和寻的。为了实现这一点，当杀伤飞行器到达捕获点时,目标必须位于杀伤飞行器探测器的可搜索视野内。位于杀伤飞行器视野内的、杀伤飞行器能机动拦截目标的这个空间区域被称为拦截弹的"拦截区"。在自动寻的过程中,杀伤飞行器继续接收来自雷达和低轨道红外系统的有关目标的信息,这有助于识别目标。

(6)战场管理

战场管理中心需要综合所有探测器数据,确定哪一个或哪一些目标是真弹头。弹道导弹发射后,防御系统战场管理中心的计算机根据早期预警卫星提供的探测数据确定是否需要拦截该弹道导弹,可以一次发射多枚导弹或连续发射多枚导弹。最后,战场管理中心还需要做出杀伤评估,确定对哪些弹头的拦截已失败,这对实施"发射-观察-再发射"的战术是非常重要的。

3.2 国外弹道导弹防御系统

弹道导弹防御系统(Ballistic Missile Defense System,BMDS)(俗称反导系统)是支撑反摧毁绝对战略的骨干武器系统,大力发展并前置部署 BMDS 能够极大削弱相关国家弹道导弹战略威慑能力,具有威慑兼实战的双重作用。

3.2.1 美国弹道导弹防御系统

目前,美国已经初步建立了全球部署的一体化弹道导弹防御体系,并且仍在迭代演进发展,纵观美国弹道导弹防御体系发展建设历程,大致可分为早期探索、技术准备、一体化建设三个阶段。

早期探索阶段:20世纪50—70年代。在此阶段研发了弹道导弹预警系统、国防支持计划天基红外预警卫星(DSP)等预警装备,以及耐克-宙斯、哨兵、卫兵等弹道导弹拦截系统。美国部署的第一个弹道导弹拦截系统是卫兵系统,于1975年10月宣布具备初始作战能力,但考虑到单个系统对来袭弹道导弹根本就是形同虚设,美国最终于1976年关闭了该系统。

技术准备阶段:20世纪80—90年代。进入此阶段的标志性事件是1983年宣布的星球大战计划。该计划极大推动了太空、拦截武器、传感器等先进技术的发展。但由于难度大,最终调整为可以逐步落地的国家导弹防御系统(NMD)。1991年苏联解体,加之海湾战争期间伊拉克飞毛腿导弹的威力,美国又转而重点发展战区导弹防御系统(TMD),如爱国者防御系统、萨德防御系统等。美国战区导弹防御系统防御示意图如图3-1所示。

一体化建设阶段:21世纪至今。此阶段的标志性事件是2002年成立导弹防御局,全面负责导弹防御系统的设计、研制、试验、部署和作战能力生成。从此,美国开始实施统一的导弹防御体系建设,集成之前独立发展的国家导弹防御系统和战区导弹防御系统,分阶段构建多层次一体化的弹道导弹防御系统(BMDS),为美国、美军及其盟友提供对所有射程的弹道导弹在各个飞行阶段的防御能力。2019年美国发布的导弹防御评估报告显示,BMDS体系建设成效显著,已具备初始作战能力。

(1)一体化弹道导弹防御系统

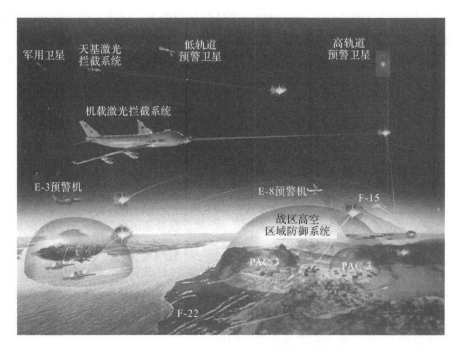

图 3-1　美国战区导弹防御系统防御示意图

BMDS 是一体化、分层次的弹道导弹防御体系，体系组成如图 3-2 所示，包括传感器、拦截武器与指挥控制战斗管理和通信（C2BMC）三类要素，它们分别是系统的"眼睛""拳头"和"中枢神经"。C^2BMC 将各素集成一体，形成对不同射程、速度、大小和性能弹道导弹各个飞行阶段的拦截摧毁能力。

BMDS 的传感器在导弹防御作战中负责支持执行预警监视、目标识别、武器引导和打击评估等作战任务。传感器主要采用雷达和红外两种探测手段，部署方式有地基、海基和天基三种，具体包括天基红外系统、预警雷达（升级的预警雷达 UEWR 和丹麦眼镜蛇雷达）、海基 X 波段雷达 SBX、前置 AN/TPY-2 雷达和宙斯盾雷达系统 AN/SPY-1。这些传感器协同工作，可以实现对来袭目标的预警探测、全程跟踪，再入点预报、目标分类、威胁判断，并最终识别真假弹头，引导武器拦截。

1）天基红外系统。现役天基红外系统主要包括 2 颗静止轨道 DSP 卫星、5 颗 SBIRS 静止轨道卫星（GEO）和 4 颗大椭圆轨道卫星（HEO）。天基红外系统主要用于对助推段导弹预警，并支持导弹防御、技术情报和战场态势感知等任务，同时还兼顾民用与环境监测、核爆检测等任务。SBIRS、GEO 卫星搭载扫描型和凝视型两种红外传感器，并配置 Ka、Q、s 三个频段共 6 条星地通信链路。两种红外传感器可工作在短波红外、中波红外和红外预警卫星直视地表波段（STG，See-To-Ground）三个波段，扫描传感器用于对全球的快速搜索，对助推段导弹进行捕获，之后交给凝视传感器对目标进行跟踪。星载传感器可工作在从可见光到长波红外的所有波段，具备对弹道导弹飞行全过程的捕获和跟踪能力。

2）预警雷达系统。预警雷达系统的工作波段覆盖 UHF、L、S 和 X 等四个频段。其中 UHF 和 L 波段预警雷达主要用于导弹预警、跟踪和弹着点预报。近期，BMDS 对 6 部

UHF 和 L 波段预警雷达进行了改进升级,主要是提高了目标发现概率和跟踪精度,并实现与 GMD 防御系统的信息共享。在目标识别方面,UHF 和 L 波段预警雷达仅能够对再入物体分类为有威胁或非威胁,例如碎片将被归类为无威胁,诱饵将被归类为有威胁,但系统无法辨别真假弹头。S 和 X 波段的雷达,可以实现对导弹的探测、跟踪、分类和识别功能,可提供火控级跟踪数据,并对毁伤结果进行评估。分类识别方面,S 和 X 波段预警雷达能够对目标是否为弹道导弹、是否有威胁及导弹类型进行识别,并能够对真假弹头进行辨别。

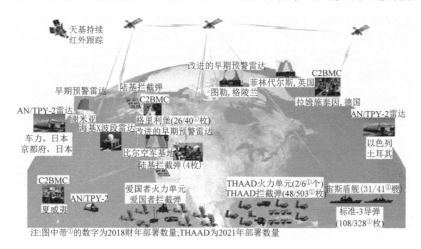

图 3-2 BMDS 系统组成要素及关系

(2)防空反导装备

美国反导装备的研制采用渐进式、螺旋发展模式,通过边研制、边改进、边部署,快速形成反导作战能力;在反导领域加强国际合作开发,形成反导战略联盟。反导武器装备的关键技术取得突破,直接碰撞动能杀伤技术经过多次拦截试验的验证,已经趋于成熟;重视反导试验验证技术的研究;积极探索定向能反导技术。

BMDS 的拦截武器包括地基中段防御系统(GMD)、宙斯盾弹道导弹防御系统(Aegis BMD)、萨德防御系统(THAAD)和爱国者先进能力防御系统(PAC-3)。其中,GMD 系统用于本土防御,其它用于战区防御,共同构成对弹道导弹的分层防御能力。

1)地基中段防御系统(GMD)

GMD 系统用于对洲际弹道导弹实施中段拦截,是美国实施本土弹道导弹防御的核心。GMD 系统由地基拦截器(GBI,含外大气层杀伤飞行器 EKV)和地面系统组成。地面系统包括 GMD 火控系统(GFC)、发射指挥设备(CLE)及发射支持系统(LSS)、飞行中拦截器通信系统数据终端(IDT)、GMD 通信网络等部分组成,其组成如图 3-3 所示。

①导弹。GBI 由外大气层杀伤器和三级固体助推火箭组成,用于拦截并摧毁在外大气层处于中段飞行的弹道导弹及弹头。GBI 发射后,助推火箭携带 EKV 飞向预计的目标位置。在 EKV 与助推火箭分离后,依靠地面支持与火控系统传送的数据以及自身导引头跟踪的数据飞向目标,利用直接力控制完成末段飞行中的机动,最终与目标直接碰撞,摧毁目标。

②探测与跟踪。地基中段防御系统的预警探测系统用于为拦截作战提供早期的目标预警和跟踪,主要由天基预警卫星系统和地(海)基预警雷达构成。

图 3-3　GMD 系统组成图

③指控与发射。GMD 系统的作战指控系统主要由 GMD 火控和通信网络(FCN/C)实施,与美国弹道导弹防御系统的指挥控制、作战管理和通信(C^2BMC)系统连接,借助卫星通信、光缆通信和飞行中拦截弹通信系统(IFICS),把 GMD 系统的各个组成部分联系在一起协调工作,包括接收各种探测器获取的数据,分析来袭导弹的各种参数,计算最佳的拦截点,引导雷达捕获与跟踪目标,下达发射拦截弹命令,向飞行中的拦截弹提供修正的目标信息,评价拦截成功与否等。

④作战过程。GMD 系统整个拦截过程简述为:天基预警卫星探测到弹道导弹发射,早期预警雷达探测和跟踪来袭导弹的弹道信息,雷达精确跟踪和识别目标,发射 GBI 拦截来袭目标,C^2BMC 进行拦截效果评估。

2) 宙斯盾弹道导弹防御系统(Aegis BMD)

宙斯盾弹道导弹防御系统是美国导弹防御局和海军在宙斯盾系统的基础上研发的弹道导弹防御系统,是美国全球一体化弹道导弹防御体系的重要组成部分,主要用于拦截近程、中程和中远程弹道导弹。截至 2020 年 6 月,美海军已经在 38 艘巡洋舰和驱逐舰安装了宙斯盾弹道导弹防御系统。预计到 2024 财年末,美国宙斯盾弹道导弹防御舰将达到 59 艘。

宙斯盾弹道导弹防御系统可用于对各类弹道导弹实施拦截作战,采用海基和陆基两种部署方式。系统主要由 SPY-1 雷达系统、火控系统、垂直反射系统和拦截弹组成,如图 3-4 所示。宙斯盾弹道导弹防御系统使用 SM-2 Block IV、SM-6 和 SM-3 三种拦截导弹,其中 SM-2 和 SM-6 拦截器用于在大气层内实施末段拦截,SM-3 用于在大气层外实施拦截。

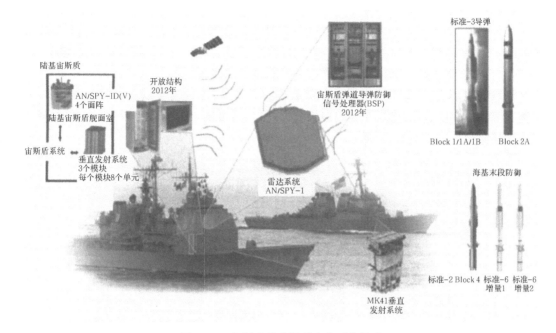

图3-4 宙斯盾弹道导弹防御系统构成

①导弹。宙斯盾弹道导弹防御系统采用标准-3、标准-6和标准-2 Block 4导弹。其中,标准-3导弹负责进行中段拦截,标准-6和标准-2 Block 4负责进行末段拦截。标准-3导弹是雷声公司研制的一种反导拦截弹,主要用于在大气层外拦截近程、中程和中远程弹道导弹,包括标准-3 Block 1A、标准-3 Block 1B及标准-3 Block 2A。

②探测与跟踪。宙斯盾弹道导弹防御系统采用与海基宙斯盾系统相同的AN/SPY-1D雷达,未来将被防空反导雷达(AMDR)替代。AN/SPY-1D雷达是S波段无源相控阵雷达,阵面呈六边形,每套宙斯盾系统配备4个阵面,每个阵面覆盖范围达到110°,总覆盖为360°。该雷达采用新型行波管、目标筛选及杂波抑制算法,雷达探测跟踪弹道导弹和巡航导弹的能力获得了较大程度的提高。双波束搜索能力使得雷达在杂波和严重干扰条件下依然拥有很高的数据率,增强了沿海作战能力,同时针对海岸水域任务进行了优化,提高了抗干扰能力。

③指控与发射。指挥与决策系统提供指挥、控制和协同,并通过威胁评估减少作战人员干预。通过Link 11和Link 14数据链从舰载传感器和非舰载传感器接收数据,并从电子战设备接收输入数据。

④作战过程。通过天基传感器探测到弹道导弹威胁目标发射;将目标信息提示给跟踪传感器(前置陆基雷达);确定目标助推段的终点,并开始进行目标跟踪;对导弹目标群(包括弹体碎片、诱饵等)中的弹头进行识别;在可行前提下,宙斯盾弹道导弹防御系统给出火控解决方案,此时目标弹道及落区应在宙斯盾弹道导弹防御范围内发射拦截弹;与飞行中的拦截弹保持通信,向其提供目标导弹航迹更新数据;拦截弹杀伤器分离,在实施拦截前实施最后

机动;杀伤器拦截目标弹头;进行杀伤评估,判断目标弹头是否被摧毁。

3)萨德防御系统(THAAD)

THAAD即"末段高空区域防御系统",主要用于近程和中程弹道导弹的末段拦截。在拦截能力上,最远拦截距离为200 km,最大拦截高度为150 km,向上与宙斯盾的SM-3衔接,向下与爱国者拦截系统衔接。萨德防御系统由拦截导弹、发射车、雷达(AN/TPY-2)、火控和通信(TFCC)以及专用支撑设备等五部分组成,每个发射车装备8枚拦截弹。萨德防御系统具备全球机动、快速部署的作战能力,可以通过陆、海、空各种投送手段抵达战场。萨德导弹防御系统如图3-5所示。

图3-5 萨德导弹防御系统

①导弹。萨德拦截弹主要由动能杀伤器、级间段和固体火箭助推器3部分组成。

动能杀伤器主要部件有:能产生致命杀伤的钢制头锥、2片蛤壳式保护罩、红外导引头、集成电子设备包和双组元推进剂姿轨控制系统。导引头由BAE系统公司研制,安装在一个双锥体结构内的一个双轴稳定平台上。钢制前锥体上的一个矩形的非冷却的蓝宝石板是导引头观测口标的窗口。前锥体前面的2片蛤壳式保护罩保护导引头及其窗口。在大气层内飞行期间,保护罩遮盖在头锥上,以减小气动阻力,保护导引头窗口不受气动加热影响,在导引头捕获目标前保护罩被抛掉。后锥体用复合材料制造。动能杀伤器在拦截并摧毁目标前与助推器分离。

②探测与跟踪。萨德雷达为雷神公司负责研制的X波段固态相控阵雷达,主要用于探测、跟踪和识别目标,同时跟踪拦截弹并传送目标数据,提供修正的威胁目标图。雷达天线口径为10~12,由大约3万个辐射单元组成,每个辐射单元的功率为5~10 W,作用距离为500 km,频带宽是爱国者雷达的167倍,抗干扰能力更强。

③指挥与控制。萨德指挥控制、作战管理和通信(C^2BMC)系统是一套分布式的、重复的、无节点的指挥和控制系统,主要功能是负责全面任务规划、评估威胁、对威胁排序确定最

佳交战方案以及控制作战等,由战术作战中心(TOC)、发射控制站(LCS)和传感器系统接口(SSI)等组成。C2BMC系统又被称为火控与通信(FCC)系统。

战术作战中心是萨德连和营的神经中枢。由2辆作战车辆(1部用于作战,1部用于部队训练及作战备份)和2辆通信车组成,内部设备包括1台中央计算机、2个操作台、数据存储器、打印机和传真机等。

传感器系统作为独立的车辆,与雷达远距离部署,为雷达和C^2BMC间通信提供接口。根据作战或部队指控命令,传感器系统接口设备可为与其相连的雷达提供直接的任务分配和管理。对传感器系统接口进行传感器与跟踪管理,传输前通过过滤和处理雷达数据,使通信负荷最小,可通过管理传感器来实现侦察、任务控制、缓和或避免饱合、目标图像确定、作战监视与控制等功能。

发射控制站提供自动数字式数据传输和语音通信连接,完成C^2BMC系统内无线电通信功能,还可提供传感器系统接口和发射装置之间的通信线路。内部设备包括除地面天线外的所有无线电子系统。

④发射装置。萨德拦截弹采用倾斜发射。发射车,车高为3.25 m,长为12 m,每辆发射车可携带8枚萨德拦截弹。该发射车与陆军现有的车辆具有通用性,提高了在战场上重新装弹的灵活性。机组人员能在不到30 min的时间里给发射车重新装弹并准备好重新发射。待命的拦截弹能在接到发射命令后几秒钟内发射。

⑤作战过程。萨德系统整个作战过程分为侦察、威胁评估、武器分配、交战控制、导弹拦截等步骤。实战时,在预警卫星或其他探测器对敌方发射导弹发出预警后,首先用地基雷达在远距离搜索目标,一旦捕获到目标,即对其进行跟踪,并把跟踪数据传送给C^2BMC。在与其他跟踪数据进行相关处理后,指控系统制定出交战计划,确定拦截并分配拦截目标,把目标数据传输到准备发射的拦截弹上,并下达发射命令。拦截弹发射后,首先按惯性制导飞行,随后指控系统指挥地基雷达向拦截弹传送修正的目标数据,对拦截弹进行中段飞行制导。拦截弹在飞向目标的过程中,可以接受一次或多次目标修正数据。拦截弹飞行16 s后助推器关机,动能杀伤器与助推器分离并到达拦截目标的位置。然后,动能杀伤器进行主动寻的飞行,适时抛掉保护罩,杀伤器上导引头开始搜索和捕捉目标,导引头和姿轨控制系统把杀伤器引导到目标附近。在拦截目标前,导引头处理目标图像、确定瞄准点、通过直接碰撞拦截并摧毁目标。地基雷达要观测整个拦截过程,并把观测数据提供给指控系统,以便评估拦截弹是否拦截到目标。C^2BMC系统进行杀伤评估,如目标未被摧毁,则进行二次拦截。如仍未摧毁,可由下层防御武器拦截。

4)爱国者先进能力防御系统(PAC-3)

PAC-3系统用于对弹道导弹实施末段拦截,其最远拦截距离为40 km,最高拦截距离是25 km。一个爱国者火力单元称为"爱国者连",主要包括1部C波段相控阵雷达、2个发射车(4枚拦截弹/发射车)、交战控制站(ECS)、电源设备、用于营连间通信的天线桅杆组等设备。爱国者地空导弹系统如图3-6所示。

①导弹。爱国者-3导弹弹体呈细长圆柱形,前端是整流罩和雷达导引头,其后是由180个微型固体发动机组成的姿控系统以及杀伤增强装置,弹体的后半部是固体火箭发动

机、在弹体重心稍后配有固定式弹翼和空气舵。

②探测与跟踪。爱国者-3系统采用的是相控阵雷达,执行对目标的搜索、跟踪、识别和对导弹的制导功能。雷达工作在G波段,对雷达散射截面为1的目标发现距离为3～170 km,最大目标探测数为100个,最大制导导弹数为9枚,雷达车质量为29 t。

③发射装置。爱国者-3系统采用M901导弹发射架,自带15 kW发电机、数据链终端和电子组件,由牵引车牵引。每部发射架可装16枚爱国者-3导弹或4枚爱国者-2导弹。导弹采用固定角倾斜热发射,发射角为38°。发射车可以远离雷达部署,最大间隔距离为30 km。

④作战过程。导弹发射后靠惯性导航系统向预测的拦截点飞行,即主动雷达导引头截获的目标点飞行。在中段飞行阶段,导弹采用空气舵进行控制,空气副翼舵使导弹以30 r/min的速度滚动旋转。导引头截获目标前将天线整流罩上附加的头部防热罩抛掉,导引头天线对准目标可能所在点的中心。导引头截获目标后导弹的自转速度提高到180 r/min,以便进行燃气动力控制,即启动相应数量的脉冲发动机进行机动飞行,力矩式的燃气动力控制是按当前导引头测量到的脱靶量来控制脉冲发动机点火的数量和时间的。以消除最后剩余的脱靶量,达到直接碰撞的精度。

在拦截目标时,爱国者-3系统将判断目标是弹道导弹还是巡航导弹,然后采取相应行动。如果目标是弹道导弹,则不启用杀伤增强装置,完全靠弹体直接碰撞杀伤。如果目标是巡航导弹或飞机等吸气式目标,爱国者-3导弹将在碰撞目标前几毫秒启动杀伤增强装置,从而使导弹的前弹体与后弹体分离(两部分都将碰撞目标)。

图3-6 爱国者地空导弹系统

(3)发展趋势

美国注重改善本土防御能力,推进区域导弹防御建设;重视发展关键技术,促进未来导弹防御作战能力提升;推进导弹防御国际合作,实现导弹防御系统全球部署。

1)新版《导弹防御评估》报告,首次将俄、中列为潜在对手

目前,美国已经基本建成全球一体化导弹防御系统。2019年1月17日,美国特朗普政

府发布新版《导弹防御评估》报告,该报告作为特朗普政府对未来导弹防御规划的首份文件,将指引美国导弹防御未来的发展重点和发展方向。新版报告首次将俄、中两国列为潜在对手,将防御目标从弹道导弹拓展到高超声速武器等各类导弹,明确将采用威慑、主动和被动导弹防御、进攻性作战相结合的手段,来预防和防御导弹袭击。

2) 地基中段防御系统实现首次齐射拦截,杀伤拦截器技术发展进行重大调整

2019年3月25日,美国首次开展GMD系统齐射拦截试验,成功拦截1枚洲际弹道导弹靶弹。试验中先后发射2枚地基拦截弹。第1枚地基拦截弹成功拦截目标,第2枚拦截弹探测到碎片后,继续寻找其它可能的威胁。在确定没有观测到其他弹头后,选择了"最具威胁的目标"并对其进行摧毁。此次试验是GMD系统首次对较复杂洲际弹道导弹目标进行齐射拦截,验证了齐射理论在导弹防御中的作用。

3) 继续研制新型雷达,下一代天基探测系统方案基本确定

美国计划于2025年底在日本部署本土防御雷达,与夏威夷雷达协作运行,以跟踪打击美国本土、夏威夷和关岛等地的洲际弹道导弹。下一代天基探测系统将采用由近地轨道卫星与地球同步轨道卫星组成的混合架构。高轨卫星方面,下一代过顶持续红外系统将用于取代现有天基红外探测系统。新系统将由3颗地球同步轨道卫星和2颗极地轨道卫星组成。

低轨卫星方面,导弹防御局正在与太空发展局、美国国防预先研究计划局(DARPA)和美国空军合作,开展高超声速导弹和弹道导弹跟踪天基探测器(HBTSS)的原型方案设计。HBTSS是美太空发展局主导的大规模近地轨道天基架构的任务之一。大规模近地轨道将由空间传输层、跟踪层、监视层、威慑层、导航层、战斗管理层以及支持层组成。

4) 萨德系统成功开展首次远程发射拦截试验,验证全球快速机动部署能力

2019年8月30日,美军成功开展萨德系统首次远程发射拦截试验(FTT-23)。试验发射了1枚中程弹道导弹靶弹,AN/TPY-2雷达探测、跟踪到目标后,火控系统指挥1辆位于一定距离外的萨德系统发射车发射1枚拦截弹,成功摧毁靶弹。

5) 强调发展多样化的导弹助推段拦截能力,推进先进机载拦截技术研究

美国继续发展机载动能和定向能拦截能力。动能拦截方面,新版评估报告明确指出,将F-35隐身战斗机纳入到弹道导弹防御系统,利用其机载传感器跟踪敌方,并考虑搭载新型拦截弹击落助推段导弹。定向能拦截方面,美国继续推进低功率激光演示项目,征询开展高功率激光器演示验证的可行性。

6) 推进高超声速防御项目,探索高超声速武器拦截能力

根据新版评估报告,导弹防御局正在开展高超声速防御架构备选方案研究,第一阶段将评估现有探测系统和武器系统防御高超声速威胁的效果。在预警探测方面,美国国防部正在改进现有天基和陆基探测系统采集和处理数据的能力,以实现对高超声速滑翔武器的预警和跟踪;发展新型天基探测系统,以实现对高超声速武器的探测和跟踪。

3.2.2 俄罗斯弹道导弹防御系统

目前,俄罗斯的导弹防御系统主要由早期预警系统、指挥控制系统和拦截打击系统三大

部分组成。

①早期预警系统。早期预警系统分为导弹袭击空间预警系统和导弹袭击地面雷达预警系统两大类。前者由俄导弹防御系统部署在高椭圆轨道和地球同步轨道上的卫星组成,可对美国洲际导弹进行监视,预警时间为 30 min 左右。后者由若干个独立的远程预警雷达站组成,可进一步确认导弹发射或导弹袭击的事实,并确定导弹要攻击的目标。

②指挥控制系统。俄罗斯最初由空军和防空军承担国土防空任务,由战略火箭军中的航天部队承担国家反导任务。为适应战略对抗的需要,俄陆续调整了部队建制。空天防御指挥控制系统由指挥机关、指挥枢纽、自动化指挥控制设备和通信系统组成。平时,空天防御指挥控制系统负责指挥协调空天防御力量的战备工作,使其处于经常性战备状态。战时,该系统负责对所有参与空天防御作战的兵力兵器实施统一指挥和调度。其主要装备包括俄空军的"棱堡"指挥自动化系统,地空导弹旅(团)的"贝加尔湖""林中旷地"等指挥自动化系统,电子对抗部队、导弹空间防御系统的指挥自动化系统。

③拦截打击系统。俄罗斯把弹道导弹防御作为空天防御系统建设的重要组成部分,重点提高莫斯科防区反导能力。

俄罗斯为加强空天防御作战力量,优先发展和部署新一代中远程防空导弹系统,俄罗斯空天防御体系如图 3-7 所示、导弹防御体系如图 3-8 所示。

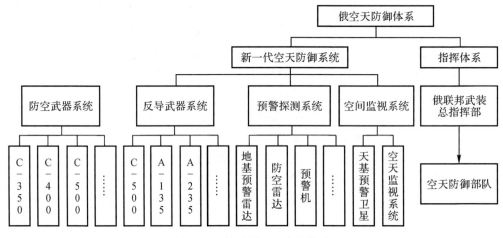

图 3-7 俄罗斯空天防御体系

(1)弹道导弹防御系统

第二次世界大战后美苏在竞相发展核武器和弹道导弹等大规模杀伤性武器的同时,双方便开始了弹道导弹防御系统的研究和建设工作。苏联先期进行了弹道导弹防御系统理论方面的研究。第一设计局和有关研究、设计及制造单位进行了反导弹基础理论及关键技术的研究、并先后研制了反导弹试验靶场的弹道导弹防御试验系统 A 系统、第一代莫斯科反导弹系统 A-35 系统、第二代莫斯科反导弹系统 A-135 系统和其他反导弹系统。

1)反导弹试验靶场和反导弹试验系统 A 系统

1956 年 8 月 17 日苏联部长会议决定建设反弹试验靶场。反弹试验靶场位于哈萨克斯坦巴尔喀什湖西岸沙漠地区，称为萨雷沙干靶场。该靶场的首要任务就是对即将建设的莫斯科反导弹系统方案进行试验。为此建设了相应的弹道导弹防御试验系统 A 系统。

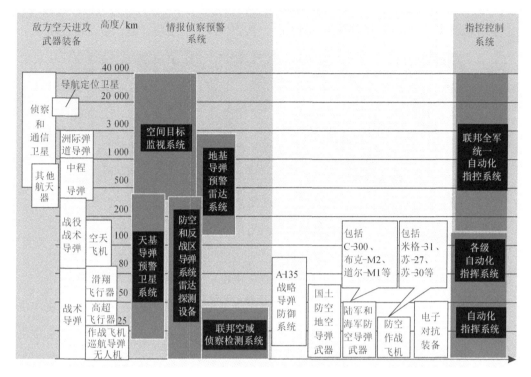

图 3-8 俄罗斯导弹防御体系

A 系统主要由弹道导弹远程预警雷达、精密跟踪雷达系统、指令传输系统、拦截导弹及其发射综合体、A 系统总指挥计算站、地面无线电接力通信系统等组成。

2）第一代莫斯科反导弹系统 A-35 系统

A-35 系统由射击综合体、预警和目标指示雷达、总指挥计算中心、通信系统等组成。每个射击综合体由 4 部拦截导弹通道雷达、2 部目标通道雷达和 8 个大气层外高层拦截导弹发射架组成。采用 4 部拦截导弹通道雷达的目的是对一个目标发射两枚拦截导弹。通信系统采用环状及辐射状连接以提高通信系统的抗核爆炸能力。

3）第二代莫斯科反导弹系统 A-135 系统的组成

A-135 系统主要由多功能作战雷达站、指挥计算中心、拦截导弹发射井、数据传输系统和预警、目标指示相控阵雷达等组成。

俄罗斯最新的 A-235"努多利河"导弹，作战距离约 3 000 km，这是未来反导防天系统的中坚。俄罗斯将 A-235"努多利河"与 C-500"普罗米修斯"密切配合，撑起可靠的多梯次反导"核保护伞"，奠定核防护体系的坚实基础。A-235 系统主要由预警系统、拦截导弹、制导雷达以及指挥控制系统组成。A-235 努多利河导弹如图 3-9 所示。

（2）防空反导装备

C-400 是目前俄罗斯部队装备的主要防空导弹武器系统。该系统采用通用发射平台，既配有远程防空导弹,又配有中程防空导弹。C-400武器系统可选用不同射程、不同体制的导弹来拦截距离在400 km以内的现代及未来的空袭目标,包括在所有高度上飞行的战术和战略飞机、隐身巡航导弹和其他精确制导武器及3 500 km射程以内的战术弹道导弹。

C-400中远程防空导弹武器系统如图3-10所示。

图3-9　A-235努多利河导弹

图3-10　C-400中远程防空导弹武器系统

如今传统单一空袭模式正逐渐演变为体系进攻模式,为有效应对这种体系进攻模式,提升系统效能的有效方法是将多型导弹集成到一个系统内或将多型防空系统进行组网作战,C-500在此背景下应运而生。C-500新型超远程防空导弹系统(绰号"普罗米修斯")是俄罗斯第五代防空反导系统和未来空天防御力量的重要组成部分,是世界上率先实现多型导弹、多种杀伤手段、多种用途综合一体化的防空防天反导大系统,颠覆了传统以单型导弹实现单一战区防空反导功能的模式,该系统主要用于拦截作战飞机、无人机、巡航导弹、隐身飞机、射程达 3 500 km 的战术弹道导弹(TBM)目标及低轨卫星等目标。在防空性能上,C-500 系统相比于 C-400 系统提升了反隐身探测能力和武器系统 50% 的杀伤远界;在防天反导能力上,C-500 具备拦截洲际导弹、低轨卫星能力,可真正实现空天一体防御;从设计方式上,C-500 系统采用模块化、通用化、系列化及标准接口的方式,可快速根据作战任务需求进行灵活配置。

C-500 系统采用多功能有源相控阵雷达、多波段导引头的高空高速导弹、导弹燃气动力侧向控制、自适应引信等先进技术,具备一定的高超声速飞行器目标防御能力。

(3)发展趋势

俄罗斯空天防御装备发展的趋势为:一是多型号导弹混编,形成多层防御,拦截多类型目标;发射平台通用,二是实现多型导弹混装共架发射;防空反导一体化集成,有效应对日益复杂多变的空天进攻体系;三是三军通用,有效提升多军种联合体系作战能力。自 2022 年 2 月俄乌冲突以来,在空天攻防方面,俄方以进攻为主,防御为辅。

俄军弹道导弹防御的发展趋势总结为以下五点:

①加里宁格勒和伊尔库茨克的"沃罗涅日"雷达的国家试验(完成部署);

②圣彼得堡郊区列赫图西及阿尔马维尔的"沃罗涅日"雷达(投入战斗值班);

③伯朝拉市地区沃尔库塔郊区、摩尔曼斯克州奥列涅戈克附近和鄂木斯克州的 3 部"沃罗涅日"雷达;

④将有 2 部"沃罗涅日"雷达分别在巴尔瑙尔(阿尔泰边疆区)和叶尼塞斯克(达拉斯诺达尔边疆区)进行部署(即将投入试验性战斗值班);俄罗斯"沃罗涅日"-M 雷达如图 3-11 所示。

⑤发射冻土地新一代预警卫星,重建天基预警系统。

图 3-11 俄罗斯"沃罗涅日"-M 雷达

3.2.3 其他国家弹道导弹防御系统

全球弹道导弹防御系统迅猛发展,弹道导弹防御系统频繁出现在战场上,呈现常态化、实战化部署。

(1)日本

日本通过引进"爱国者"-3拦截导弹逐步构建了覆盖日本全境的导弹防御系统,并不断积累陆基高功率激光反导武器和高能微波反导系统的研发经验;日本以防御朝鲜弹道导弹为借口,构建了由"爱国者"-3和宙斯盾BMD/"标准"-3组成的双层拦截导弹防御系统,如图3-12所示。

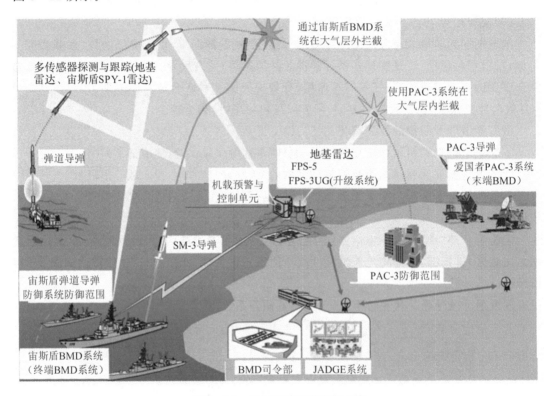

图3-12 日本弹道导弹防御系统

(2)印度

印度以防空反导兼备的改进型天空拦截系统和从俄引进安泰-2500、C-300导弹系统作为导弹防御网络的骨干,并加速购买以色列的"箭"式导弹和俄罗斯C-400导弹,大力增强其导弹防御作战能力。印度首次试射大地防御拦截弹(PDV),对一枚模拟的中程弹道导弹目标进行拦截,试验达到了所有预期目标。印度反导系统的低层反导系统(AAD)虽然采用机动发射车发射,但由于只是单车单弹模式,因此火力容量低,无法对多枚导弹进行同时多次拦截。"印度烈火"-3导弹作战示意图如图3-13所示。

印度反导系统末段低层拦截弹AAD如图3-14所示。印度高空末段反导主力PAD

拦截弹如图3-15所示。机动发射车发射场景如图3-16所示。

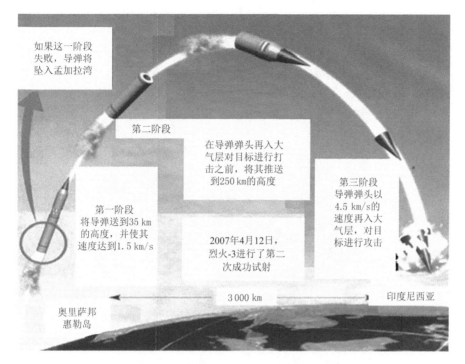

图3-13 "印度烈火"-3导弹作战示意图

图3-14 印度反导系统末段低层拦截弹AAD

图 3-15 印度高空末段反导主力-PAD 拦截弹

图 3-16 机动发射车发射

(3)韩国

21世纪以来,为应对朝鲜日益增强的核威胁与导弹威胁,韩国提出"三轴"战略,包括

"杀伤链""韩国防空反导体系"(KAMD)"韩国大规模惩罚和报复"(KMPR)三部分。"杀伤链"即利用探测、瞄准和远程打击力量,在朝鲜弹道导弹或大规模杀伤性武器发射前,对其导弹发射井等设施进行先发制人的打击。"韩国防空反导体系"即利用多层防空反导系统拦截朝鲜发射的导弹等威胁。"韩国大规模惩罚和报复"即利用特战和火力打击力量,在朝鲜发动袭击后对其实施报复性打击,可使用的装备包括多管火箭炮(如 K239"天舞")、地地导弹(如"陆军战术导弹系统")、钻地弹(如 GBU-28"宝石路"Ⅲ激光制导炸弹)和空地导弹(如 AGM-84H/K 增程型"防区外对地攻击导弹")。韩国希望通过发展"三轴"战略,分别在朝鲜对其威胁发生前、威胁发生时、威胁发生后三个阶段,采取有效的应对措施。

韩国防御系统发展的新趋势:一是防御范围从"局部"转向"全球",系统战略性和针对性更加突出;二是发展原则从"全面发展"转向"注重经济可承受性和技术成熟度",系统可行性更强;三是发展途径从"边研制、边部署"转向"分阶段适应",系统可靠性更高;四是部署方式从"固定"转向"机动",系统灵活性和生存力更强;五是拦截手段从"多段拦截"转向"尽早尽快拦截、全程拦截",系统一体化程度和有效性更高。

(4)以色列

以色列率先实战化部署由"箭"式反导武器系统、"爱国者"反导武器系统分别负责末段高低两层拦截任务的陆基双层配系防御体系。另外,以色列重点发展如下型号的导弹防御系统:一是"箭"式反导武器系统,一种拦截短程弹道导弹、飞机、巡航导弹的综合性超高空地空导弹武器系统,其拦截弹飞行速度高达 9 倍声速,并不断改进其拦截高度,新型的"箭"-3 导弹拦截高度超过 60 km。二是"大卫投石器"新型反导武器系统,以拦截短程弹道导弹为主的反导武器系统,与"箭"式反导武器系统一起构成以色列弹道导弹防御系统的核心部分。以色列多层导弹防御体系示意图如图 3-17 所示。

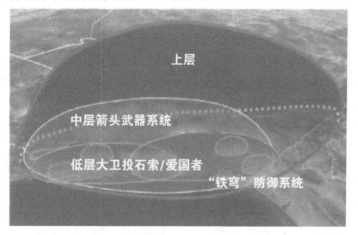

图 3-17 以色列多层导弹防御体系示意图

3.3 关 键 技 术

弹道导弹防御系统关键技术的实质是在高实时条件下以有效拦截、摧毁来袭导弹为期望，在弹道导弹防御系统边界条件、系统资源等因素约束下，对多种多型弹道导弹防御作战资源的时域空域模式等作战使用进行优化、协同、智能化、辅助决策，对弹道导弹防御进程实时反馈控制，以生成某种意义上最优装备任务执行序列的各种手段和方法的总和。弹道导弹防御系统关键技术如图3-18所示。

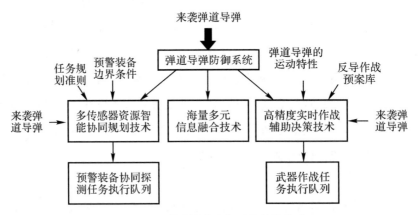

图 3-18 弹道导弹防御系统关键技术

3.3.1 多传感器资源智能协同规划技术

多传感器资源智能协同规划技术是弹道导弹防御系统的核心技术之一，由于弹道导弹防御系统管理的多种异类传感器广泛分布于太空、临空、陆地、海洋，各种传感器的探测、跟踪识别、制导功能等侧重点各不相同，为实现对来袭弹道导弹全程传感器覆盖，就需要实现多传感器资源管理，包括协同探测、协同跟踪识别、传感器交班等。

多传感器资源智能协同规划是依据探测跟踪任务需求和传感器资源现状，对传感器资源窗口和时序进行有效的调节和优化。为了实现多传感器资源智能协同规划这一作战目标，就需要自主规划多传感器信号形式、雷达扫描方式、波束驻留时间等活动，充分挖掘不同传感器的自主性，将多个传感器置于体系管理架构之下，充分发挥不同功能传感器协同探测、跟踪、识别、制导等功能，实现分工明确、协同有序地管控传感器。

多传感器资源智能协同规划解决资源调度的驱动机制和运行方式问题，通常包括基于预测的智能协同规划方法基于反应的智能协同规划方法以及二者结合的智能协同规划方法。其中：基于预测的智能协同规划方法注重生成鲁棒性较高的初始规划方案，需要全面考虑所有可能发生的动态扰动事件；基于反应的智能协同规划方法侧重提高规划方案对动态扰动事件的快速响应能力，一般用于规划方案的调整而不是整个规划方案的生成，难点在于高效启发式触发规则的设计；基于预测-反应的智能协同规划方法综合二者的优势，具有较强的鲁棒性和突发事件应对能力，可兼顾方案全新生成和局部调整。随着多功能传感器逐步出现,基于多智能体系统(Multi-AgentSystem,MAS)方法的多传感器智能协同方法越来越受到重视,该方法将单个传感器等效为智能体Agent,着重解决多Agent之间的协同机制、多Agent冲突消解机制来规划多传感器之间高效协同。

3.3.2 海量多元信息融合技术

多源信息融合即基于多种(同类或异类)信息源,根据某个特定标准在空间或时间上进行组合,获得被测对象的一致性解释或者描述,并使得该信息系统具有更好的性能。

弹道导弹从发射到拦截需要导弹防御系统里的众多传感器协同探测同一目标,可以利用多源信息融合技术提取更多的信息量,以提高数据的精度、可信度,对提高精度、反电磁干扰、抗丢失目标等带来较大好处;然而,由于不同类型的传感器获取的时域、频域和红外无线电等冗余或互补信息互不相同,信息源的时间和空间覆盖范围不同,信息表现形式多样,采取何种规则进行组合以获得被测目标身份估计的一致性解释或描述,对海量多源信息融合技术是巨大的挑战。

(1)信息融合层次

根据处理信息源所在的层次,信息融合可分为数据层融合、特征层融合和决策层融合。其中,数据是指每个区段传感器采集的测量数据,特征是指分析和转换后的数据结果和知识,决策是指观察目标的结论。

1)数据层融合

数据层融合即将原始数据直接融合。其输入是由多个传感器提供的各种类型的原始数据,其输出为特征提取或者局部决策的结果。数据层融合的优点是:可以从其他融合层中没有的原始数据中提取更多细节。其缺点是:较繁重的计算负担、较差的实时性能以及需要良好的容错能力来处理传感器数据本身的不稳定性和不确定性,且仅适用于同类传感器的原始数据融合。

2)特征层融合

特征层融合是提取数据源的特征信息,进行分析和处理,保留足够的重要信息,为后期决策分析提供支持。特征层融合的优点是:提取原始数据信息特征后,减少了待处理的数据量,提高了实时性。

3)决策层融合

决策层融合作为一种高层次融合,具有高灵活性、强抗干扰性、良好的容错性和较小的通信带宽要求。首先,对传感器测量数据进行预处理,获得研究对象的初步决策;然后,所有局部决策结果在某种规则下进行组合,以获得最终的联合决策结果。因此,决策层融合需要压缩传感器测量数据,这不仅具有高处理成本,而且会丢失大量细节信息。

综上分析可知,这3种不同层次的信息融合各有其优点、缺点和适用范围。假设各个传感器数据相互匹配(例如,2个传感器测量相同的物理特性),测量的传感器数据即可直接在数据层中融合。当各个传感器数据相互不匹配时,就需要根据特定情况来判断是采取特征层融合还是决策层融合的方法。通常,通过融合原始数据来获得特征,再使用特征的融合来做出判断决策。无论是数据层融合、特征层融合还是决策层融合,都需要将相关的信息进行关联和配准,区别在于数据的相关性和相互匹配的顺序是不一样的。理论上,数据层融合的优点是可以保留大量的原始数据,来为目标提供尽可能精细的信息,并获得尽可能准确的融合效果。决策层融合较少依赖于传感器。对于特定用途,判断采用哪个级别的融合集成是系统工程问题,应该全面考虑所处的环境、计算资源、信息来源特征等因素的综合影响。

(2)信息融合结构

信息融合技术的系统结构一般可分为集中式融合、分布式融合和混合式融合架构。针对实际问题,根据信息源数据特征的差异,可单独采用不同层次的融合方法或组合某两个层次的递进融合方法,从而得到使系统性能较优的融合方案。

1)集中式融合

在集中式融合结构中,每个传感器的原始观测数据被发送到一个中央处理单元即融合中心进行融合后的全局判断。该结构具有高精度和低信息损失,但需要高通信带宽来传输原始数据,并且对中央处理单元的计算性能要求较高,真正实现起来较为困难。

2)分布式融合

在分布式融合结构中,各个传感器预先处理观测到的原始数据,并进行初步判决,然后将局部处理结果发送到融合中心。与集中式融合结构相比,分布式融合结构降低了通信带宽要求,具有更好的可靠性和系统可行性。

3)混合式融合

混合式融合结合了上述两种方法的优点,但在计算和网络通信上开销大,主要应用于大型复杂系统。

(3)信息融合算法

多源信息融合技术的核心是信息融合算法。信息融合算法可以分为基于规则的融合算法和基于统计的融合算法两类。

1)基于规则的融合算法

基于规则的融合算法是指根据先验知识和经验规则,将来自不同信息源的信息进行逻辑推理和判断,从而得到融合后的信息。

2)基于统计的融合算法

基于统计的融合算法是指根据概率统计理论,将来自不同信息源的信息进行概率计算和统计分析,从而得到融合后的信息。在军事领域,多源信息融合技术可以用于情报分析、目标识别、战场态势感知等方面。

3.3.3 高精度实时作战辅助决策技术

与防空相比,来袭弹道导弹的速度特别高,留给作战辅助决策的时间极为短暂,这就要求弹道导弹防御作战辅助决策具有高精度、实时性。辅助决策技术是借助计算机等先进设备,综合运用数据库、专家系统和作战模拟等技术手段,帮助作战参谋人员进行作战信息处理,辅助指挥员实施作战指挥决策,具有科学、高效等特点。

一般而言,按照作战流程将弹道导弹防御作战辅助决策划分为威胁评估、目标分配和协同拦截,其中威胁评估是按照威胁评估方法,将多个来袭弹道导弹对多个防御要地的威胁程度排序,是作战辅助决策首要解决的问题;目标分配是按照一定的原则将一定数量的来袭导弹合理分配到拦截系统,以实现拦截弹道导弹的高效分工,使最有利的拦截系统拦截所分配的目标,提升了对目标整体杀伤概率;协同拦截是针对分配到具体拦截系统的目标,给出该拦截系统地理上分布于不同位置的发射车拦截的具体策略。

威胁评估的难点是基于指标体系给出威胁评估方法,求解威胁评估方法主要包括层次分析方法、多属性决策方法、专家系统方法、神经网络方法等,无论哪种威胁评估方法必须满足实时性的作战需求。

在目标逐步接近拦截系统发射区的过程中,随着跟踪识别精度的提高,前期确定为假目标的可能是真目标(可认为是目标出现)、前期确定为真目标的可能是假目标(可认为是目标消失),若前后来袭多个目标,已经被拦截的目标可定为目标消失,如此多种随机情况的出现,使得弹道导弹防御作战目标分配实质是动态目标分配。然而,由于目标分配的时间有限,使得目标分配解算方法必须具备随时输出目标分配结果的能力,即求解算法的 Anytime 性质,这对该 Anytime 算法动态环境的适应能力提出了较高的要求。

协同拦截中,由于发射车在其杀伤区内不同的位置其杀伤概率存在一定的差异,分布于不同地理位置上的发射车采取何种协同拦截模式、何种发射模式,对于提高整体协同拦截作战效能具有重要的意义,而发射车之间的协同拦截模式及发射车的发射模式通过可发射时间因素,相互制约、相互影响、相互耦合。对于多约束、耦合的发射车协同拦截规划,Agent 方法、受神经内分泌网络启发的多级控制理论是潜在的解决方法。

作战决策辅助是指挥控制领域难点问题,下面以美军的"深绿计划""指挥官虚拟参谋""智能化多域指控"为案例讨论该技术。

(1)深绿计划

"深绿计划"(Deep Green Project),可以通过多模草图和语音识别技术,帮助指挥官迅速制定行动方案,具有一定开创性的意义。

"深绿计划"的基本原理是将各部队的"选项草图"排列组合在一起,有可能产生许多不同结果的战场预测。这些可能的预测会被编制成一个"类图表"的结构,指挥官基于此探索更多未来可能,进行"假设"作战演练,随即生成更多可能的战场预测。"深绿计划"从正在发生的战场信息中提取有效信息,计算评估未来不同战场发展方向的概率,裁剪掉不太可能发生的情况后,帮助指挥官更加聚焦于更大概率发生的战场场景,确保指挥官不会面临无从选择的情况。

"深绿计划"主要由三个部分组成,分别是"闪电战""水晶球"和"指挥官助手"。

"闪电战"部分主要用来实现系统的分析功能,通过自动化的分析工具对采集的战场数据进行定量和定性的分析,生成可能出现的一系列未来结果,有些结果甚至超出人们最初的考虑范围。随着时间的推移,"闪电战"应该学会根据所提供的选项更好地预测可能的未来。"闪电战"可以识别各个分支点,分别预测可能产生的结果,并计算每个结果的可能性,然后继续沿着每个路径进行模拟。"闪电战"具有一定的创造性思维,不仅仅是简单输出数百或数千次随机模型的"蒙特卡罗"运行结果。

"水晶球"部分则是用来实现系统的总控功能,主要功能包括控制"闪电战"的运行;根据采集的战场信息,对战场的实时态势进行更新,方便指挥员在"草图"上进行下一步规划;向指挥员提出优先选项。

"指挥官助手"有"草图到计划"和"草图到决定"两个主要的子部分。"草图到计划"为指挥官提供了快速生成定性、粗颗粒度的作战方案草图的能力；当指挥官绘制草图时，计算机将观察草图的绘制，并监听指示顺序、时间、意图等的关键词，从草图和关键词中归纳出计划和指挥官的意图。"草图到决定"是向指挥员提供未来可能的选择和更新。

(2) 指挥官虚拟参谋

"指挥官虚拟参谋"目的是采用工作流和自动化技术帮助营级指挥官和参谋监控作战行动、同步人员处理、支持实时行动评估。

"指挥官虚拟参谋"借鉴了美国苹果公司 Siri、谷歌公司 Google Now 等人工智能语音系统产品的思路，综合应用认知计算、人工智能和计算机自动化等智能化技术，来应对海量数据源及复杂的战场态势，提供主动建议、高级分析及针对个人需求和偏好量身剪裁的自然人机交互，从而为陆军指挥官及其参谋制定战术决策提供从规划、准备、执行到行动回顾全过程的决策支持。根据美陆军 CERDEC 所说，"指挥官虚拟参谋"将利用自动化和认知计算技术来应对战场上大量的数据源和高度复杂的态势，从而作为"参谋"帮助指挥官做出更准确的决策。因此，"指挥官虚拟参谋"具有数据聚合、集成敏捷规划、计算机辅助运行评估、基于事件的当前任务和态势的持续预测等功能。

数据聚合：通过与现有指挥系统的接口提供数据聚合，根据需要整合和调解来自参谋计算机系统、传感器或前线士兵的数据信息，并为指挥官提供聚合数据收集。

集成敏捷规划：支持战争博弈、准备、排演，实现任务执行过程中的人机协作。

计算机辅助运行评估：基于当前、未来及替代方案等，向指挥员持续提供计算机支持的在线评估。

持续预测：基于态势数据和当前计划，识别和推理态势的演变，生成告警和具有一定置信度的未来态势图。

"指挥官虚拟参谋"运用了机器学习和用户配置算法，系统行为可以在机器学习训练期间或实际应用期间随时调整。"指挥官虚拟参谋"的目标包括学习和识别用户行为习惯，测试和更新敌人战术模型以及本地环境。通过学习经验丰富的指挥官的行为决策习惯，形成珍贵的数据记录，最终可以生成供新指挥官参考使用的知识、作战过程和作战经验。

"指挥官虚拟参谋"项目是美陆军后方研究人员为指挥官提供指控支持的长期愿景的一部分，并且直接支持美陆军 2020—2040 作战概念，作为陆军执行任务指挥、增强态势理解、优化人员绩效、协助培养未来指挥官的关键技术支持。可以看出，"指挥官虚拟参谋"大量借鉴了美陆军之前的研究积累，就包括"深绿计划"的研究成果。CERDEC 将"指挥官虚拟参谋"项目打造为一个开放式架构平台，可以与其他 CERDEC 或美国防部 S&T 平台融合，还可以作为孵化器开发一系列有用的数字决策支持功能。

(3) 智能化多域指控

美陆军研究实验室提出了一项"人工智能多域作战指控应用"的指挥官战略倡议，目标是探讨基于深度增强学习算法评估红军状态、评估红蓝军战斗损失、预测红军的战略和行动、基于所有情况制定蓝军计划的能力水平。采用基于深度增强学习算法的人工智能技术，有可能为蓝军制定更具有创新性的作战计划，可以比经验丰富的军官更快地抓住潜在机会窗口。在倡议中，美陆军研究实验室探索性的使用深度增强学习算法在作战行动之前制定详细计划，并在执行期间生成实时计划和建议。主要目标是验证基于深度增强学习算法的概念化设计和实施,看是否能够生成与军事指挥官一致的作战计划(或更优化的作战计划);将"人"纳入"命令和学习循环",并评估这些"人在回路"解决方案。

3.3.4 预警雷达组网及资源管理技术

从机械化条件下作战演变到基于信息系统的体系作战,战斗力生成模式发生了巨大变化,预警探测系统的效能不再是简单的单雷达能力的叠加,而是通过对多传感器有机集成形成协同探测系统,以实现预警探测系统效能的倍增和能力涌现。雷达组网协同探测系统比雷达独立使用具有更大能力优势,具体表现在以下四个方面:一是提供更为广阔的战场探测信息,支持多种类型用户的预警信息需求;二是提供更可靠的战场探测信息,支持高强度作战条件的预警能力生成;三是提供性能更好的探测信息,支持预警系统与武器系统深度交联;四是提高雷达利用效能,提升复杂环境下的效费比。

随着探测环境的复杂多变、对探测要求的日益提高,以及探测系统各成员之间的关系和层次结构日益复杂,雷达组网协同探测系统更加关注通过全系统的优化得到比孤立运行具有更强的能力,科学合理的系统架构是实现雷达组网协同探测系统高效运行的基础。

(1)协同探测技术架构需求

雷达组网技术是通过综合利用各种不同体制雷达,使各频域、空域、时域的信息相整合,使雷达探测范围更广、探测信息更加准确,从而进一步增强反导预警体系作战能力。当前雷达组网的规模日趋扩大,控制日趋灵活,信息融合方式也越来越复杂。

雷达组网探测系统中的各雷达是具备独立行为的个体,雷达之间松耦合,通过网络进行信息交互与协同工作。雷达组网探测系统的多样性,通过冗余和互补获得了更大能力,同时也带来了新的挑战:组成成员不再是恒定不变的,体系成员间的关系也是动态的与任务相关的。雷达组网探测系统的性能不仅与组成、信息交互、数据接口相关,还和体系架构紧密相关。雷达组网探测系统体系架构需要支持以下需求:

①支持基于统一预警态势生成多层级用户视图雷达组网协同探测系统,能够为指挥决策者提供战场态势级数据,为作战部队提供战术级数据,为武器提供给战斗级数据;同时为了保证各用户对预警态势一致性的认识,各类用户视图需要基于同一的预警态势生成;不同类型用户对信息准确性和时效性要求不一致,这就要求协同探测系统能够生成满足不同类型用户需求的预警态势。

②支持多系统、多任务动态共享探测资源雷达组网协同探测系统需要,能够实现要素的动态组合和能力聚合,通过雷达与系统解耦,协同不同武器系统的雷达,共同实现跟踪、识别、抗干扰等多项功能,完成早期预警、远程跟踪、信息制导等多项任务。

③支持雷达物理和功能独立、相互之间松耦合雷达组网协同探测系统是不断演进的,系统需要有灵活的扩展性,需要各雷达的功能是独立的,单雷达的状态变化对系统集成不会产生大范围的影响。

(2)基本能力需求

①协同探测系统具有跨战区、跨军种、跨领域、跨装备等组网协同探测能力;能兼顾防空反导预警一体,信息火力紧密铰链,实现多种协同探测状态快速稳定转换;并具备"思考深、处理快、变化灵、适应多、机动强"的能力,支撑预警部队承担各类空天目标预警任务,在日常

和战时都能获得信息优势。

②针对战略弹道导弹有限进攻,要具备全球、全域、全时、全程预警监视能力,为高层决策提供完整、正确的预警态势;为拦截武器系统能尽远火力拦截提供所需的弹道、位置、属性等精确引导信息。

③针对战役战术弹道导弹饱和进攻,要求在十分有限的拦截窗口,提供拦截所需的、精准的弹头位置和识别信息,具备针对战役战术弹道导弹饱和进攻的协同探测能力。

④针对从远海(航母)起飞的远程隐身飞机突防与密集多方面超低空巡航导弹进攻,以及全球灵活部署的战略轰炸机的"洲际打击",一是要具备预警能力,并能判明其基本动向和企图;二是要具备引导能力,为空中预警机搜索和战斗机拦截提供目标指示;三是要为地空导弹打击武器提供精确的引导信息。

(3)技术先进性特征

要实现新的协同探测作战概念,必须有新的技术支撑,而且作战概念与技术还需紧密融合。从技术视角看,未来智能化防空反导预警网至少要具备如下技术先进性特征,满足预警网人工智能、大数据、深度学习、云计算等先进算法和软件的不断升级,支撑预警网探测能力不断提升。

①协同探测结构重组的灵活性和稳健性;
②预案辅助决策的快速性、智能性与自动执行的可控性;
③资源管控预案的科学性、多样性和可用性;
④战场环境感知的正确性和实时性;
⑤人机接口操作的融合性、便捷性和容错性;
⑥软硬件模块化、开放性与便捷升级性;
⑦基于网信结构的通信网络的自主性与稳定性。

(4)组网协同探测模型及机理

组网协同探测模型及机理包括早期的概略协同、现今正在热门实施的任务协同与参数协同、未来要发展的信号协同四种模式。

1)概略协同

在预警网建设和运用早期,指控中心对所属雷达实施简单、宏观的指挥,各雷达自主探测或独立探测。概略协同内容一般只限于区域、时间、任务、频点等方面,协同模式通过战前计划与战中指挥员电话命令,只要依托基本的电话和无线短波电台就可工作。所属雷达基本上实施定区和定时独立地承担探测任务,探测的航迹情报汇集到指控中心进行综合,在重叠区进行情报相互验证,在责任区边界进行情报交接,形成探测区域的综合态势。其特点是协同概略、管控开环、技术简单、效能较低,问题是难以应对强敌复杂空天目标威胁与未来实战。

2)任务协同

随着防空反导多功能相控阵雷达性能的不断提升,其工作模式、时间、能量等参数都可被灵活控制或遥控,具备了防空反导预警多功能一体化能力。

任务协同就是依据空天实时威胁,规划并协同下级预警指控中心及各组网雷达在某时刻的探测任务及优先级。典型任务协同流程是:依据实时空天威胁,先要规定所属雷达承担战略弹道导弹预警还是空间目标监视、战术弹道导弹预警还是隐身飞机预警等一级任务,保证各雷达工作模式快速切换;基层预警指控中心(通常是相控阵雷达本级指控中心)控制任务资源模板(也称作最小可分任务节拍,按任务装配好探测模式及其参数),按优先级执行搜索、监视、跟踪、识别、引导、评估等任务。这种任务协同探测模型特别适用于由相同技术水平的相控阵雷达组成的反导预警探测系统的任务分配,可有效提高对战术弹道导弹搜索、跟踪和识别能力。

3)参数协同

在日常预警网中,先进的相控阵雷达与早期老雷达混合部署,可组成"以新组老"协同探测群,也称作雷达群组网探测系统。这个群具有以下特点:空域覆盖远中近与高中低兼顾;功能上警戒、引导、航管、测高等相结合;工作频段、发射波形、天线极化等相互交叉和补充;群内雷达可监控的内容、粒度、参数不尽相同。要提高这个探测群在强电磁环境下对复杂非合作空中目标的探测能力和效能,需要挖掘群内雷达的组网互补优势。其主要技术途径有两方面:一是通过多雷达工作模式和参数等方面的协同控制,获得包含更多空中目标的探测信息,即点迹;二是通过点迹融合,在回波中挖掘出有用的空中目标信息,达到组网协同探测群效能最优。

4)信号协同

信号协同就是协同控制多信号发射、接收、处理的算法和设备,使发射的信号和波束匹配于空中目标特性,使激励出的回波中包含更多的目标特性,接收波束和回波处理匹配于反射的回波特性,获得空间、波形、频率、编码、结构、极化等多方面分集增量,实现信号级协同最佳检测、跟踪、识别和抗干扰。

信号协同要控制的内容主要有:发射接收阵列协同,包括发射阵元的数量和布阵形式(线阵、稀疏阵、面阵),接收阵元的数量、结构和滤波形式等;多发射信号参数的协同,包括发射信号时间、频率、数量、脉宽、重频、带宽、极化、正交性等参数,来满足发射接收波束空间灵活性、发射信号目标匹配性、接收通道匹配和加权合理性等要求;回波信号集中融合处理协同,选择相参/非相参积累、距离扩展目标粒子滤波算法(TBD)等融合算法及相对应的参数,优化积累时长、检测门限、航迹起止等规则。

(5)协同模型

概略协同实际上是简单、宏观、几乎开环、大任务性的人工简单协同,是传统预警网遵循的技术基础模型;任务和参数协同模型是目前世界先进预警网建设发展中遵循的基础性、指导性的技术模型,信号协同是未来预警网协同探测发展的技术基础模型。任务、参数和信号协同三者的共同特点是探测资源实时闭环管控,以及基于"多域融一"协同预案自动执行,这就需要设计科学合理的"多域融一"协同预案。三者最大的差别是协同控制内容和粒度、探测信息融合方式及应用场合的不同。

参数协同与任务协同相比,协同控制的内容可更多、粒度可更细、深度可更深、灵活性更好,这种高自由度的参数控制,自然会有协同作战运用的多样性,可支撑指战员预警装备体系协同运用战法的开发应用,适用于基于概略协同技术基础的"单雷达分别探测+大网集中处理情报"传统结构预警网的技术升级。

信号协同与参数协同相比,协同控制的内容更多,自由度更加灵活,在极度隐身和闪烁目标检测、提高分辨率、抑制复杂干扰等方面,得到比参数级协同难以得到的增量,但技术难度更大,设备成本会更高。实现信号协同,要解决的技术难题包括以下几个方面:

①分布部署多发射站、接收站及各发射接收阵元的时空频同步;

②设计好发射信号协同控制预案与工程化实现回波信号融合算法;

③通信网络的带宽、容量和稳定性等;

④信号协同探测系统整体效能与性价比。

基于协同模型的技术机理,设计智能化防空反导预警网装备协同探测架构,在遵循模块化设计、开放式结构、智能化处理等原则的基础上,还要考虑协同探测所必须的核心硬件、软件及边界条件。这些要素实际也是要解决的关键技术或问题:要在顶层定位好协同探测作战概念,构建好协同探测概念系列模型,论证好所需的能力需求,设计好支撑智能化架构和装备规划,提升牵引力和指导力;要研制或改进好包括指控/融控中心系统、组网装备、网络等协同所需的硬件,构建好协同闭环,提升硬实力;要制定好协同作战所需的规则、机制、预案、条令等协同所需的软件,提升软实力与巧实力;要全面准备基础技术支撑条件,包括突破关键技术、制定组网协同探测接口协议等规范标准、研制一体化协同探测推演评估训练系统等,提升支撑力。

(6)实现弹头精准识别

在预警战术弹道导弹饱和进攻的场景中,具有弹道近、目标密、干扰强、时间短等突出的预警难点,弹头实时精准识别是预警链最终要求,也是最难任务,涉及到预警链装备全过程截获、发现、跟踪、识别等资源的协同,按照任务协同模型与反导预警链能用于搜索、跟踪和识别的资源,设计出预警链各装备协同识别的任务和概略时序。红外预警卫星首先要依据告警信息准确判明发射事件数;早期预警雷达基于卫星识别的事件数,在截获跟踪的基础上准确建立对应的弹头群,并尽可能剔除弹体群及碎片目标;精跟粗识雷达基于分类的弹头群,在精跟群内目标的基础上概略识别出高疑似弹头目标,并对弹头群内不断产生的干扰机、诱饵等分离物,持续优化识别结果,并继续尽可能剔除弹头群内的碎片目标;精跟精识雷达基于对弹头粗识的高疑似结果,采用宽带等精确识别资源,综合识别出弹头目标,并报知精确位置信息,提供给拦截武器系统,并进行杀伤评估。

3.3.5 空基跨域拦截导弹技术

目前,防空反导武器在跨空域、跨速域拦截高超声速导弹时,受过载能力、响应速度、探测距离等因素约束难以覆盖目标典型飞行高度范围,而对于空基高超声速导弹防御系统,又存在武器小型化、环境适应性等其他技术要求。

空基跨域拦截导弹主要需要解决以下技术问题:

(1)小型化技术

临近空间高超声速目标飞行速度快、时间短,且弹道不可预测,作战飞机由地面起飞拦截很可能来不及构建拦截态势。空基高超声速防御系统一般要求多架作战飞机处于空中战备值班状态,作战飞机除执行高超声速防御任务外,可能还要兼顾制空、对地侦察任务,这就要求挂装的拦截导弹具备尺寸小、质量轻的特点。而拦截导弹又需具备远距跨大空域大速域作战能力以扩大目标攻击区,为拦截导弹小型化设计带来较大困难。

(2) 小型宽视场抗热导引技术

拦截导弹的导引方式主要有红外和雷达两种，红外导引系统探测精度高、尺寸小、质量轻，有利于武器小型化设计，且目标红外辐射强度较大，红外导引探测距离远，更有利于中末制导顺利交接。但采用红外导引方式在高速飞行时存在严重的气动热问题，尽管在飞行中段可通过抛罩技术等降低气动热对导引头影响，但为确保中末制导顺利交接，对末制导距离提出较高要求，头罩分离后红外导引头温度急剧上升，一般能达到 1 000 K 以上，现有红外导引头采用蓝宝石头罩难以适用，气动加热和激波辐射带来的气动光学效应也大幅降低了探测系统性能。另外，红外导引无法实现精确测距，为降低制导精度要求采用战斗部杀伤目标时，需要解决末端测距问题，以给出战斗部精确起爆指令。

雷达导引系统能够避免气动热的影响，且能获取目标较高精度距离信息，利于制导引信一体化设计以降低引战系统设计难度，提高对目标杀伤概率。当拦截导弹最大作战距离指标要求较小且目标以"较低"的高超声速飞行时，雷达导引方式是拦截导弹可行的导引方式；当拦截导弹最大作战距离指标要求较高时，为确保中末制导顺利交接，要求雷达导引头探测距离更远，但高超声速导弹较小的雷达散射截面积（RCS）制约了雷达导引头的探测距离，且随着目标速度的增加，"等离子鞘套"带来的不确定性影响愈加严重，雷达导引将很难适用。尽管随着毫米波相控阵技术的发展，雷达导引头在尺寸、质量、探测距离上取得较大技术突破，但相对红外导引头优势不明显，不利于武器小型化设计。

(3) 跨域拦截制导控制技术

在临近空间高超声速导弹典型飞行空域，纯气动控制的拦截导弹难以满足过载和响应时间需求，需要引入直接力控制。空基武器小型化特点约束了导弹的尺寸和质量，从而导致侧向直接力最大推力受限。一般采用助推器+拦截器的拦截导弹方案提高直接力控制效率，大气层内直接力工作时受高度、速度、攻角和气动外形等因素影响，侧向喷流干扰机理较为复杂，对控制精度带来不利影响。跨大空域、大速域作战的中制导算法设计需考虑最大/最小作战距离、最大/最小末速、交会角以及中末制导交接等多约束条件。末制导算法需要考虑可用过载小、直接力/气动力复合等因素。作战过程涉及头罩分离、助推分离等复杂环节，可能包含气动舵、推力矢量、姿轨控直接力等多执行机构控制，这都为拦截导弹制导控制系统设计增加了难度。

(4) 大推质比固体姿轨控直接力发动机技术

空基高超声速导弹防御武器挂装于长期处于战备值班的作战飞机，需要承受较为严酷的挂飞冲击振动载荷，对武器使用安全性、挂飞寿命等提出较高要求，因此拦截导弹的姿轨控直接力发动机应采用安全性更高的固体推进剂。由于最大作战距离对末制导距离约束以及目标机动影响，姿轨控发动机大推力状态工作时间较长，固体推进剂的工作特性导致姿轨控发动机质量尺寸较大，不利于拦截导弹小型化设计，所以应尽可能提高姿轨控发动机推质比，同时对发动机推力精度、快速性、质心漂移等均提出更高要求，以降低控制系统设计难度。

(5) 高效毁伤技术

拦截导弹与目标交会时飞行马赫数一般在 10 以上，侧向喷流干扰带来的制导控制系统不确定性以及目标较强的机动能力使实现动能碰撞的难度较大；采用传统战斗部毁伤方式时,由于弹目交会速度过大,且无线电或激光体制的周向引信探测距离较近,所以引战系统存在炸点滞后的问题。可采用杀伤增强、定向战斗部等技术,结合活性含能材料破片等措施在尽可能降低引战系统尺寸与质量的条件下增加杀伤范围。为实现精确起爆,解决现有周向探测引信探测距离较近的问题,可采用前向探测引信技术,通过导引引信一体化设计实现较远距离精确测距,降低引战配合难度,在高交会速度条件下提高对机动高速小目标的杀伤概率。

3.4 发展方向及趋势

为了能够应对未来空天的新威胁,弹道导弹防御系统将沿着以下方向发展并呈现出如下的趋势。

3.4.1 发展方向

(1)预警探测技术的颠覆性设计和新型材料将改善探测识别能力

采用开放式体系和模块化设计,不断改善雷达识别能力;采用高功率新材料技术,不断提高雷达辐射功率;开展新型全尺寸导弹预警传感器研发,致力扩展卫星预警能力。

(2)拦截武器技术的探索研发将完善多目标、超声速、助推段拦截手段启动多目标杀伤器技术研究,显著增强应对复杂威胁的能力;多途径探索临近空间高超声速导弹拦截技术,提高应对超高速飞行器威胁的能力;利用空基平台探索助推段拦截技术,促使拦截能力的颠覆性提升。

(3)指挥控制技术的升级完善将增强综合协调和信息安全能力

继续推进指控系统软硬件升级,增强态势融合处理和协同作战能力;高度重视网络安全技术,加强信息系统的安全防护。

3.4.2 发展趋势

面向远程弹道导弹目标,以美国为首的军事强国正向体系化推进反导系统建设,最终形成跨地域分布、信息交联和多系统一体化的体系作战能力。

在装备技术层面,各国加快反导武器系统,特别是拦截武器的更新及研发步伐,不断提升反导武器装备作战效能。

(1)探测预警平台多维化

探测预警技术逐步实现探测预警平台多维化、传感器多元协同配合。如美国为提升探测预警能力,大力发展天基红外预警卫星、远程预警雷达、地基和海基多功能雷达,提升其抗杂波、抗干扰能力,部署平台和传感器种类向多维化、多样化方向发展,通过协同配合提升探测、识别、跟踪能力。通过采用米波、毫米波雷达和雷达组网解决探测预警问题,未来或将引入太赫兹及量子雷达等技术解决探测难题。

(2)技术创新推动新型武器研制

反导拦截武器注重现有武器优化升级,以技术创新推动新型武器研制。如"萨德"拦截弹将在原基础上增加一级固体火箭发动机形成"增程型萨德"拦截弹,并引入GPS提供定位,改进导引头和姿控系统,具有更高的灵敏度、目标识别及跟踪能力,提高拦截概率;美国利用长航浮空无人机平台部署激光武器,以实现对助推段弹道导弹的拦截,以此为基础研制天基激光武器及助推段动能拦截武器。此外,俄军也声称在激光武器领域进展迅速,验证成功后用以打击包括近地轨道卫星在内的多数作战目标。

在战略部署层面,呈现出不断将武器部署推向前沿、加快区域联合反导体系建设的趋势。美国为应对本土可能的导弹威胁,加快部署"萨德"反导系统,增加部署 GMD 系统、陆基中段拦截弹(GBI)及"宙斯盾"驱逐舰,积极推动陆基"宙斯盾"系统建设和海基末段反导系统建设。积极开展区域反导合作,推动区域联合反导体系建设,扩大反导作用范围。美国积极在欧洲、西太和中东地区实施导弹防御部署计划,强化反导力量的前沿部署,已基本建立起美国主导下的地区导弹防御网。未来,美将把区域反导系统纳入美国全球反导体系之中,以构建起一个可全程拦截多型弹道导弹的防御体系。

(3)动能化与实战化

动能武器能自主制导和修正拦截弹道,具有自动寻的能力,利用其与目标直接碰撞的巨大动能杀伤目标,是一种高效精确制导武器和光电、信息高度密集的信息化弹药。尤其是随着美军"爱国者"反导武器系统成功开创"以导反导"先例后,世界主要军事强国均大力推动导弹防御系统的研制。在不久的将来,不断成熟的导弹防御系统相关技术将推动着反导武器系统的试验,甚至常态化部署,反导武器系统实战化趋势越来越明显。

(4)反导与防空一体化

防空反导一体化是未来防空作战与导弹防御作战发展的重要趋势之一。一方面,弹道导弹防御系统是以防空武器系统的技术平台为基础发展起来的;另一方面,利用防空的基础设备可以大大节省导弹防御系统的研制经费。在不断增强现有防空雷达发现、识别、跟踪目标能力,不断提高武器系统的反应速率、拦截精度的同时,赋予新型防空导弹武器系统一定的反导作战能力,从而不断推动防空反导一体化融合式发展。

反导指挥控制着重提升网络化程度,推进一体化防御进程。在指挥扁平化、网络化、减少层级、提升通信效率的要求下,改变旧有指控结构,充分发挥横向网络作用,缩短部队反应时间。同时,实现地理上合理分布、功能上可相互替代,具备高抗毁能力。通过高可靠性的通信系统将分布于网络所及的各火力单元的目标探测、指挥控制、火力拦截、保障力量集成为一个一体化作战体系。未来作战中,一体化需兼顾防空、反导及反临,融合三种防御能力实现衔接,以应对各类空天威胁。美军导弹防御系统以 C^2BMC 系统为核心呈现全球一体化发展趋势,从体制和结构上都体现了上述一体化防御的优越性。

(5)小型化与快速化

随着与弹道导弹防御系统直接相关的信息处理技术、制导技术、指挥控制技术的发展,拦截弹可在体积相对小型化的情况下达到较高的拦截精度。另外,拦截弹小型化的发展趋势能够大大提高反导系统的机动能力和反应速度,大大提高机动作战与快速部署能力,增加预警时间,缩短发射准备时间和再次发射时间,实现从发现敌来袭弹道导弹到有效拦截的快速反应。

(6)新概念化与多层化

在以地基武器反导为主,不断改进导弹反导弹技术的同时,反导系统发展逐步呈现出新概念化发展趋势。随着强激光、粒子束、微波、等离子体等相关技术的发展,新概念化反导武器系统不断涌向,未来的导弹防御必将是广泛分布于地基、海基、天基的动能拦截武器、激光武器、粒子束武器、微波武器、等离子体武器等构建的,基于信息系统的一体化弹道导弹防御系统,来实施对弹道导弹飞行初段、中段、末段的全程综合拦截,且新概念反导武器在一体化反导系统中的比重不断增大。

思 考 题

1. 简述弹道导弹防御系统的基本概念。
2. 简述弹道导弹防御系统的工作原理。
3. 简要分析美国弹道导弹防御系统。
4. 简要分析俄罗斯弹道导弹防御系统
5. 弹道导弹防御系统的关键技术有哪些?
6. 简要分析预警雷达的组网及资源管理技术。
7. 简述弹道导弹防御系统的发展方向。
8. 简述弹道导弹防御系统的发展趋势。

第 4 章 防空反导新概念武器

本章简要介绍防空反导新概念武器的基本概念、分类及特点,重点介绍激光武器、粒子束武器、高功率微波武器、电磁轨道炮及网络武器等防空反导新概念武器。

4.1 概 述

防空反导新概念武器是指在工作原理和杀伤机理上有别于传统防空反导武器、能大幅提高作战效能的一类新型武器。与传统武器相比,新概念武器在基本原理、杀伤破坏机理和作战方式上有重大的区别,其可以利用声、光、电、电磁和化学失能剂等先进技术直接杀伤目标和破坏设备。因此,它是武器装备体系中发挥战斗力倍增器作用的创新型武器。一旦新概念武器大量投入实战,将对未来高技术战争带来新的革命性影响和变化。

从 20 世纪末以来,传统的军事理论和作战模式发生了根本变化,由过去依靠作战人员和武器平台数量的压倒优势兵力确保战争胜利,转变成为当今借助先进高技术兵器和新型指挥控制系统产生综合打击效果来赢得战争。在此,新概念武器的研发和应用起到了相当重要的作用。有军事专家认为,在一定意义上新概念武器将成为信息时代军事实力的重要支柱和军事大国地位的象征。因此,21 世纪必将是新概念武器显威与称霸的时代,处于探索、发展或运用中的新概念武器已形成了一个相当庞大的家族。

防空反导新概念武器主要包括定向能武器、动能武器、网络武器、高超声速武器等,本章主要介绍定向能武器、动能武器和网络武器。

防空反导新概念武器的特点是:概念新,原理新,技术新,破坏机理新,杀伤效能新,作战使用新等。在作战方式和作战效能上与传统的武器有明显的不同,它代表着当今武器的发展趋势。

4.1.1 定向能武器

(1)基本概念

定向能武器又称束能武器,是利用激光束、微波束、粒子束、等离子束、声波束等能量,产生高温、电离、辐射、声波等综合效应,采取束的形式向一定方向发射,用以摧毁或损伤目标的武器系统。定向能武器主要包括激光武器、粒子束武器和高功率微波武器等。

定向能武器能够实施防御性和进攻性非动能攻击行动,可作为具有成本效益的力量倍增器,增强作战灵活性。各种不同类型的定向能武器系统可融入空基、陆基、海基和天基作战平台,从而为作战部队提供广泛的选择方案。

定向能武器作为一种可以颠覆现有军事优势的武器,日益受到各国的追捧,更是军事强国的重点研究方向。随着定向能武器从实验室走向战场,必将改变未来的作战模式。

(2)发展趋势

根据定向能武器在军事上的应用前景,定向能武器技术的未来发展主要表现在以下几个方面。

1)着眼提高激光武器的防空反导和反卫能力

大力发展陆、海、空、天基激光武器技术;为提高激光武器的性能和作战效能,应着力攻克高能激光器技术、光束控制技术、新型光源技术、大功率激光相控阵技术、多平台适用技术等技术;为适应未来前沿科技和新型武器的发展,要重点关注有潜在颠覆性影响的激光反超高速飞行器技术、新型高能纳米流体激光器技术、高能光纤激光技术等。

2)着眼提高高功率微波武器的平台适应能力

开展高功率微波武器小型化研究,重点发展高功率微波源技术、高功率脉冲开关技术、高功率微波压缩技术、高功率微波效应技术、高功率微波武器集成技术等。为提高高功率微波武器的性能,需要大力发展固态化、模块化和紧凑化的脉冲功率源,提高高功率微波产生源输出功率和效率;要探索抑制脉冲缩短的相关技术,提高微波输出的脉宽;要重点攻克阴极材料技术、脉冲功率源技术、高功率微波源的锁频锁相技术、窄带高功率微波产生技术、高功率微波功率合成技术等技术。着眼提高机载高功率微波武器的性能,为信息对抗和网络电磁对抗作战提供新的手段,应重点发展与无人作战平台的结合技术、飞行动态条件下对目标的瞄准技术和效能评估技术。

3)高能激光武器技术研究取得突破性进展,向着高功率、多波长、紧凑化方向发展

激光武器具备远程、方向性好、能量集中、光速攻击目标、机动灵活、反应时间短、命中精度高、抗电子干扰能力强等特点。美军装备在"庞塞"号的激光武器系统如图 4-1 所示。

图 4-1 美军装备在"庞塞"号的激光武器系统

激光武器目前已经进入实战应用阶段,成为防空反导武器体系中的新成员,能够在反卫星、防空反导和反恐等多种作战中发挥重要作用。采用地基、空基或天基作战平台的各型激光武器既可以用于空间信息对抗、破坏敌方信息链、对付中远程弹道导弹、发挥战略威慑作用,也可用于近距离拦截巡航导弹和无人机等目标、干扰或致盲各类光电制导精确打击武器、保护地面重要设施,具有较高的战术应用价值。面向战术应用的高能固体激光武器技术倍受军事强国重视,多种技术验证机投入实战背景下的拦截试验,初步显示了拦截炮弹、无人机和小型船只以及摧毁简易爆炸装置等的能力。高能激光器的功率一般在百千瓦以上,可攻击飞机、导弹和卫星等战略、战术目标,能够满足反卫星、反导防空和反恐等多种作战需求。有物理学家认为,不使用弹药并以光速发射的高能激光武器是真正革命性的武器,将使未来战争形态产生全新的变化。

当前,激光技术向高功率、紧凑化、相控阵和极端应用环境方向发展,将引发武器装备杀伤机理、核心器件、探测体制的深刻变革,对武器装备产生跨时代的影响。目前,各军事强国加大从国家层面的推动,美国雷神公司、洛克希德·马丁公司,以及德国莱茵公司、MBDA公司等都在大力发展高能激光武器。战术光纤激光器实战化进程加快,具有体积小、质量轻、光束质量好等特点,能够集成到现役防空武器平台上,并将成为摧毁无人机、小型船艇等小型目标的重要武器系统。

4) 高功率微波武器技术研究取得重大突破,向高功率、高重复频率和小型化方向发展

高功率微波武器从实验室装置转向实用化装备,并逐渐向军用平台和进攻型武器方向过渡,高功率微波武器技术也正向小型化、高效率、模块化方向发展。目前,各军事大国已把高功率微波武器研制纳入其国防战略发展规划中。

《美国空军2025年战略规划》在未来武器构想中提出发展空基高功率微波武器,要求这种武器对地面、空中和空间目标具有不同的杀伤力,用一组低轨道卫星把超宽带微波投射到地面、空中和空间目标上,在几十到几百米的范围内产生高频电磁脉冲,摧毁或干扰目标区内的电子设备。美军现有技术较为成熟的高功率微波武器主要有微波弹、非致命性定向能武器、电磁脉冲炸弹等。

美军近年来一边发展高功率微波技术,一边研制武器样机,并在试验场演示验证,甚至在战场中使用。在高功率微波产生源、高功率微波发射与传输技术、高功率微波效应和防护技术等方面的研究处于领先,在高功率微波弹头小型化、波束精确控制方面取得重大突破。

俄罗斯是研究发展高功率微波武器技术最早的国家之一,在重复频率脉冲功率源技术和高功率微波产生技术方面处于国际领先地位。俄罗斯早在十多年前就拥有微波弹,几年前就为SS-18洲际导弹装备了电磁脉冲弹药。

5) 粒子束武器技术尚处在原理或实验室研究阶段,向着能实战应用的方向发展

加快粒子束武器的实战应用能力,大力发展粒子束武器总体技术、粒子束定向技术、粒子束控制技术和目标跟踪瞄准技术;重点攻克粒子加速器技术、粒子束传输技术、粒子束破坏技术和高能转换技术。

定向能武器以其巨大的优势展现在人们面前,随着定向能武器技术的不断发展和突破,将推动定向能武器在军事领域的加快应用,越来越多的定向能武器将出现在战场上,使攻防

双方的战略战术都面临新的挑战,将从根本上改变未来战争的作战样式、战场形式和作战理念。未来精确武器和其他非对称能力的扩散将改变战争的游戏规则,定向能很有可能会带来新的作战优势。

4.1.2 动能武器

动能武器是由美国于 20 世纪 80 年代率先研发的一种新概念武器。该类武器不是采取高爆或破片杀伤目标,而是依靠弹头高速飞行所产生的巨大动能,以直接碰撞的方式来拦截或摧毁预定目标。这种类型武器是以大功率脉冲能源为核心,突破了常规火炮系统发射炮弹的速度极限;弹丸动能高,靠撞击直接杀伤目标,威力大,破坏效能强,既可发射作为武器使用的弹丸,也可作为投掷飞机甚至卫星的平台。目前国际上运用新概念技术的动能武器有以火箭为动力的动能拦截弹和以电磁能量为动力的电磁炮等,主要应用于导弹防御系统、空间反卫星系统或用来改造传统的防空导弹。

(1)基本概念

动能武器又称高速射弹武器或超高速动能导弹,是一种利用发射超高速弹头的动能直接撞毁目标的新型武器,也是一种典型的直接拦截武器,代表着反战术弹道导弹的一个重要发展方向,并将成为弹道导弹、卫星、飞机等高速飞行目标的有力杀手。

动能武器可按照不同方法进行分类,但主要是按推进系统和部署方式来分类。按推进系统可分为火炮系统、火箭系统和电磁系统动能武器;按部署方式可分为地基、海基、空基和天基动能武器。

火炮系统动能武器简称电炮动能武器,是以常规火炮作为动能使用,依靠燃气压力加速弹丸,故常称为动能拦截弹。弹头安装在作战平台上,因其最大速度被限制在 3 km/s 以内,故仅适用于进行短程拦截或中段拦截,而对天基系统防御作用不大。

火箭系统动能武器简称火箭动能武器,是一种利用高能火箭群击毁来袭的战略弹道导弹再入弹头的新概念武器。通常,每个火箭群可发射 1 万枚火箭,形成一个多层次密集的火箭阵雨,与来袭弹头相撞将其摧毁,或利用火箭群爆炸后形成的碎片云阻挡来袭导弹。该动能武器主要作为最后一道反导屏障的武器系统,用以防护洲际弹道导弹。

电磁系统动能武器简称电磁动能武器,又称电磁炮,是一种利用电磁场加速或电能热加速的动能武器系统。电磁炮主要用于拦截洲际弹道导弹和中、低轨卫星。

与常规导弹相比,动能武器具有拦截脱靶量趋于零、巨大的动能可确保有效摧毁目标和质量轻、机动性好等特点,是用于反飞机、反弹道导弹和反卫星的"杀手锏"武器,其弹头的飞行速度、命中精度和射程都是传统"动能型武器"火炮、枪械等所无法比拟的。

(2)系统构成

动能武器由推进系统、弹头(弹丸)、制导系统等部分组成。动能武器的机理就是通过发射出超高速运动的具有极大动能的弹头,以直接碰撞(而不是通过常规弹头或核弹头的爆炸)的方式摧毁目标。推进系统提供将弹头加速到高速所需要的强劲动力,可采用火炮、火箭、电场或磁场加速装置作为推进系统。弹头是动能武器的有效战斗部位,系用金属材料或塑料制成的刚体。传感器是动能武器的"眼睛",用于探测、识别和跟踪目标,常使用红外、雷达等传感器。制导与控制系统是动能武器的"大脑",用于确保成功地进行寻的与拦截。

与定向能武器相比,虽然动能武器速度慢,但技术上可行,价格低廉,并难以采取有效的反制措施。因此,动能武器被认为是非常有发展前途的高技术武器。

1)推进系统

动能武器必须采用一定的方法将物体(弹头)加速到足够大的速度。根据所采用的推进系统的不同,可将动能武器分为火炮系统、火箭系统、电磁系统三种不同的结构。

①火炮系统。火炮是靠火药的燃气压力将炮弹加速的。从原理上讲,常规火炮可以作为动能武器使用(发射非爆炸性弹头)。在火炮中,最大弹丸速度可达到 2 km/s。弹头达到这一速度的火炮可安装在作战平台上用于中段拦截。目前,作为动能武器的火炮系统存在如下技术问题急需解决。一是火炮炮管长度有限,燃气压力对弹头的作用时间很短,弹头的速度、射程均有限,这使得火炮的作战半径小,仅适用于进行短程拦截;如果极大地增大炮管口径和炮管长度,虽可使弹头速度和射程大为增加,但发射速率太慢,也不能满足实战的需要。二是火炮安装在作战平台上,发射时存在后座力补偿问题,需要消耗燃料供稳定系统和导航使用,从而减慢了发射速率。

②火箭系统。利用火箭加速是三种结构中最成熟的一种。美国准备部署的动能武器目前都采用一级或两级火箭加速,因此亦称之为超高速火箭动能武器。大气层外轻型射弹(LEAP)是目前各国正在研制的用于拦截战区或战术弹道导弹的多种动能拦截弹中最具代表性并可能最先部署的一种。该射弹可充分利用现有的陆、海、空军用的战术导弹的技术发展而成为有效的反导拦截器。其作战使用方法是,用一枚较大的助推火箭将射弹送入高空,使其达到 4 km/s 的超高速(约 12 Ma),攻击前火箭脱落,射弹依靠弹载寻的头、制导计算机和推进系统控制飞行,并准确命中目标,其拦截高度 80 km,可拦截各种战区弹道导弹。

③电磁系统。电磁系统是利用电磁场加速或电能加热加速的动能武器系统,又称为电磁炮。根据结构和原理的不同,电磁炮有线圈炮、导轨炮(又称轨道炮)、电热炮等。其中最主要的是轨道炮。

2)弹头

动能武器是以巨大的动能摧毁目标的。在动能武器用于拦截洲际弹道导弹的情况下,由于目标本身以很高的速度在运动,所以进行拦截的动能弹只要有一定的速度就能使之与目标碰撞时达到极高的相对速度。

实验表明,当动能弹头的有效质量比为每平方厘米几克时,且目标表面的比动量达到 $10^5 \sim 10^6$ g·cm/s,弹头与目标的相对速度大于 1 km/s,就足以将目标摧毁。对于来袭的洲际导弹而言,其飞行速度达 8 km/s,因此,只要动能拦截器有一定的速度,利用适当的碰撞几何条件,就很容易将目标摧毁。根据拦截洲际弹道导弹的实际需要,为保证达到一定的作战距离,动能拦截器的最大容许速度为 37 km/s,较为理想的速度为 10 km/s。

因此,只要使弹头有极高的速度,并采用精确的控制与制导技术,就可以命中并摧毁几千千米之外的洲际弹道导弹。

3)制导系统

由于动能武器是依靠与目标直接碰撞时的动能来破坏目标的武器,所以,它有两个核心问题必须解决,一是加速问题,二是制导问题。

　　火炮系统、火箭系统和电磁系统都是解决加速问题的途径。制导问题就是使动能拦截弹具有精确的自动寻的末制导的能力,主要依靠在弹上装备高精度的目标探测系统和先进的制导与控制系统。然而,如果动能弹在大气层中飞行,产生的气动热、气动光学效应将使动能弹上装备的高精度、高灵敏度的传感器不能充分发挥作用,必将影响动能弹自动寻的制导精度。

　　大气稀薄的空气为动能武器的使用提供了极为有利的条件:一方面,可以忽略不计的阻力可以保证动能武器的超高速飞行;另一方面,不存在气动热、气动光学效应,这种环境保证了动能弹具有高精度的自动寻的末制导能力。这两个有利的条件,为发展各种新概念的动能武器提供了广阔的创造天地。

　　影响和支撑动能武器战技性能和作战效能的技术颇多,但其核心技术主要包括智能技术、精确制导与控制技术、动能杀伤(KKV)技术,与此相关的关键技术还包括动力加速技术、KKV识别技术、导引头技术、直接侧向力控制技术、组合导航技术、凝视成像探测技术、多传感器融合技术、大推重比技术、快速响应姿/轨控及高速信息处理技术等。

　　KKV技术是动能武器最为关键的核心技术,是一种超级灵巧、能自主识别真假目标、高度智能化的先进拦截技术。截至目前它已发展了三代,正朝着小型化、智能化和通用化的方向迅速发展。美、俄等国都曾在这方面获得过技术性突破。KKV技术对于包括动能拦截弹在内的动能杀伤飞行器起着关键支撑作用,使它们对目标的命中脱靶量几乎为零.从而实现了直接碰撞杀伤效果。

4.2　激光武器

　　激光,俗称"死光"或"莱塞"。激光武器是一种直接利用激光辐射毁伤目标的强大武器,又称辐射武器或"死光"武器。

4.2.1　概念及杀伤机理

　　所谓激光武器,就是利用激光束直接毁伤目标或使目标失效的定向能武器。激光之所以能够成为杀伤武器是由激光本身的如下物理特性和破坏效应所决定的:

　　①它具有极高亮度。激光是世界上至今最亮的一种光,比太阳光亮几十万乃至上百亿倍,几乎和氢弹爆炸瞬时的闪光差不多。

　　②它几乎是一条理想的平行光。一束激光在20 km距离上极少散发,即使射向月球的光斑也不到2 km,故有极强的方向性。

　　③它是当今世界上最好的单色光源,比一般单色光源频谱窄上万至千万倍。

　　④它是很理想的相干光,而其他自然光或人造光在时间和空间上都是互不相干的非相干光。

　　⑤激光的破坏效应表现为它的燃烧效应、激波效应、辐射效应和穿透熔化效应。

　　高能激光束射到目标上时,可以随即被目标材料吸收,转化为热能,使其汽化、熔化、穿孔、断裂甚至产生爆炸,激光束能产生几百度的高温和几百万大气压,能穿透和熔化各种坚固的金属或非金属材料。激光照射汽化和辐射产生的压缩波、等离子体云、紫外线、X射线不但可使目标内部电子元件损伤,而且可对人的视力和肌体等造成损伤。

激光武器的主要杀伤目标是各类导弹、航天器、空中拦截器、飞机和卫星等。其杀伤的目标部位包括软部件和硬部件。最重要的软部件有上述目标的光电传感器、电子设备和计算机等,而硬部件有机(弹)体、内部结构部件、装置(如导引头、油箱、发动机、仪器等)。其杀伤方式为热破坏、力学破坏、热力联合破坏及失效、失控破坏等(如烧蚀、熔融、穿孔、断裂、变形、致盲、功能失效等)。

4.2.2 分类、功能及主要特点

目前,激光武器品目繁多,可按照不同方法进行分类。但主要是按用途分为战略型激光武器和战术型激光武器;按功率大小分为低能激光武器和高能激光武器。

战略激光武器可攻击和摧毁数千千米之遥的洲际弹道导弹、太空侦察卫星和通信卫星;战术激光武器可直接毁伤目标,一般攻击距离可达20 km以上,不但能造成战机失控、光电制导武器失灵、武器操作手丧失战斗力,而且会使对方参战人员受到沉重心里压力。

低能激光武器又称为激光轻型武器或单兵激光武器,是一种利用低能激光束杀伤单兵、破坏侦察及光学器材的一种定向武器。这类武器主要包括激光枪、激光手枪、激光致育及眩目武器等。高能激光武器也称为强激光武器或激光炮,可摧毁飞机、导弹、坦克、卫星等运动速度快及威力大的目标。通常,强激光武器又可分为五类,即天基激光武器、地基激光武器、机载激光武器、舰载激光武器和车载激光武器。

与一般传统武器相比,激光武器具有以下显著特点。

①反应迅速、命中精度高。激光"子弹"以光速传输,比普通枪弹初速快40万倍,比一般导弹速度高10万倍,因此攻击目标不需要计算提前量。可保证从远距离以光束输送电磁能弹,并以直线攻击目标,达到"即发即中"的效果。正因为如此,美国已研制载有激光武器的反导卫星,可以拦截4 500 km外的洲际弹道导弹或人造卫星。

②辐射强度高,摧毁威力大。激光武器直接利用激光高强度辐射集聚波束,在高能量和超高温下足以摧毁任何坚固目标,如使飞机和导弹的外壳瞬时烧蚀、汽化,对机体和弹体穿孔造成人员伤亡、设备破坏。高功率激光武器甚至可在300~800 km外将敌方正在发射和飞行中的弹道导弹摧毁。

③由于激光传输不受外界电磁波干扰,可在电子战环境下正常使用,因而被攻击目标难以利用电磁干扰手段来避开激光武器的攻击。所以说,激光武器是电子战环境下的理想攻击武器。

④转移火力快,机动灵活。由于激光武器发射的光弹无需备弹和装填,因此可全方位连续射击,且无后坐力,在极短时间内可拦击多个来袭目标,尤其适宜中近程反导防御和对抗多目标饱和攻击。

⑤作战使用效费比高。由于激光武器具有一个"很大的弹仓",且弹药(即光子)消耗小又便宜,所以具有低成本和高效能的理想效费比。

⑥无污染,属非核杀伤。激光武器与核武器相比,没有冲击波、热辐射和放射性造成的

污染,因此是一种十分理想的非核高技术兵器。

不过,激光武器亦有不足之处,主要表现为:一是在大气层内使用时,射程受雨雾、尘烟、云层等大气条件影响较大,尤其是在海洋环境条件下使用时,受影响将更大;二是难以击毁装甲目标;三是作战中当视线有阻挡时,具有瞄准和跟踪限制等。

4.2.3 系统构成及关键技术

激光武器系统主要由高能激光器、光束定向器和光束控制与发射系统等部分组成。其中,高能激光器是激光武器系统的核心,用于产生高能激光束;光束定向器又包括大口径发射系统及精密跟踪瞄准系统,精密跟踪瞄准系统用于对目标的高速、高精度跟踪;光束控制与发射系统的作用是将激光器产生的高能激光束定向发射出去,并会聚到目标上形成功率密度尽可能高的光斑,以便在极短时间内毁伤目标。

激光武器关键技术主要包括高能激光器技术、光束传输控制技术、强激光大气传输技术、高效毁伤技术。其中高能激光器是核心,光束控制传输是保障,高效毁伤是目的。

(1)高能激光器技术

作为激光武器的核心,激光器用来发射足以毁伤目标的高功率激光。根据目前激光器增益介质类型的不同,可将激光器做如下分类。

1)化学激光器

化学激光器是高能激光武器研究中技术最为成熟的一类激光器,也是目前唯一可实现单口径、兆瓦级平均功率输出,同时具有较高光束质量的激光器。美国机载激光武器系统(ABL)选用的正是化学激光器,并成功完成了机载反弹道导弹的演示验证。化学激光器的缺点也较为明显,主要表现为其在低腔压下运转产生的废气直接排放到大气环境非常困难,需要庞大的辅助排气系统,而且排放的气体会对大气环境造成污染,这就导致了化学激光器系统体积、质量较大,直接限制其机载化应用进程。近年来,化学激光器已经逐步被其他类型激光器的发展所替代,在各平台激光武器验证试验中,已经很少再使用该类激光器了。

2)高能固体激光器

固体激光器以块状晶体或陶瓷材料为增益介质,根据介质的形态,固体激光器可分为棒状激光器、热容激光器、板条激光器、薄片激光器等多种类型。由于块状增益介质体积大、储能多,固体激光器不仅可通过单级或多级放大获得大功率激光,也可通过光束合成技术实现更高功率地输出,是实现单口径百千瓦级输出武器系统的重要可选光源。

高能固体激光器的缺点是系统热管理难、大功率输出时难以长时间保持高光束质量,这是该类激光器未来需要重点攻克的技术难题。

目前,通过光束合成技术,100 kW 级的固体激光器已经成功实现,但由于其光束质量较差,系统体积较大,电光效率低于30%,因此并没有进行武器样机的集成试验。近年来报道的车载、舰载固体激光毁伤小型舰艇、无人机等目标的演示验证都是基于数十千瓦级的固体激光器开展的。

3)高能光纤激光器

高能光纤激光器是以掺稀土元素光纤为增益介质的一类新型固体激光器,它的优点为电光效率高、光束质量好、热管理也相对简单、环境适应性强等。目前,高功率光纤激光系统的电光转换效率可达40%以上,转换效率的提升,有效减小了对冷却系统的要求,进而优化了系统的结构紧凑性及体积与质量,使其适合搭载于各种战术移动平台。

由于受到受激拉曼散射(CSRS)、受激布里渊散射(SBS)、模式不稳定(MI)等效应的限制,所以获得高功率光纤激光系统的技术途径之一为非相干功率合成。2014年美国在"庞塞"号军舰上展出的33 kW LaWS系统和2016年德国莱茵金属公司展出的50 kW高能激光防空系统等,均是基于该技术的演示系统。

为了弥补功率合成光束质量下降的问题,近年来各大研究机构也开展了相干合成和光谱合成方面的研究。针对这两项技术,美国分别在2016年和2017年实现了17.5 kW和60 kW的功率输出。

4) 碱金属蒸气激光器

碱金属蒸气激光器(DPAL),顾名思义,是以碱金属原子蒸气为增益介质,获得高功率近红外激光的一类光源系统。碱金属蒸气介质主要以铷或铯为主。

DPAL是目前公认的最具有实现兆瓦级功率输出的激光系统。它是首个成功的气固融合激光器,兼顾气体激光器高输出功率和固体激光器优秀光束质量的双重优点,同时它以循环流动的金属蒸气为工作介质,可实现高效散热,对热管理系统要求较低。而且,DPAL的泵浦源为大功率半导体激光器,这使得其具备单口径功率定标放大能力。DPAL还具有实现轻小型化的潜力,为了实现机载化应用,美国导弹防御局期望DPAL系统未来的功重比能够突破5 kg/kW,实现2 kg/kW。近年来,DPAL技术取得了快速发展,2016年美国利弗莫尔实验室实现了大于30 kW的铷激光输出。

DPAL激光系统也存在固有缺陷,例如:碱金属原子化学性质活泼,如何有效防止激光腔的腐蚀和污染具有较大难度;高压腔运行可能会恶化光束质量。同时,其输出功率的提高严重依赖于半导体激光技术的发展。

(2) 光束传输控制技术

高能激光武器实现高效毁伤作战效果的前提是激光束能够精确照射至目标靶面,并在目标被照射部位维持一定的时间,以积累足够的能量。因此,保证激光传输的稳定性,提高照射的精确性,是研发激光武器必须关注的问题。

激光武器的作战过程主要为:由发射系统发射的高能激光通过窗口附面层高速流场、常规大气流场、目标附近高速流场(高速飞行目标),最后辐照至目标特定位置。根据上述作战过程,光束控制传输系统需要具备以下能力特征:首先,为了应对飞行目标,发射系统需要具备持续变焦能力,以保持照射点光斑尺寸始终最小;其次,高速流场、大气传输过程中对光强分布的畸变影响需要进行校正补偿;最后,需要一套精确跟瞄系统来确保辐照光斑能够持续稳定的辐照目标区域。

美国空军研究实验室(AFRL)实施的盾(SHIELD)项目的一个子课题就是光束控制和航空效应研究。该项目重点开展对发射炮塔边界层气流干扰以及湍流、热晕等大气效应的光束控制及补偿技术。此外,由AFRL和美国国防高级研究计划局(DARPA)联合洛克希德·马丁公司进行的"航空自适应航空光学波束控制"项目旨在研究如何采用自适应光学技术以及空气动力学和气流控制技术来有效补偿突出飞机机身的激光发射炮塔周围的极端湍流效应。

光束控制传输技术是机载激光武器的关键,它直接影响激光武器的作战使用效果。为了实现精确打击,必须要保持高精度的跟踪瞄准,并以优良的光强分布辐照目标,因此,光束控制传输技术就成为激光武器系统总体技术不可或缺的一部分。

(3)强激光大气传输技术

激光在大气传输过程中,根据与各种大气分子、气溶胶粒子等的相互作用类型,可以分为线性和非线性大气效应。对于线性效应,激光束受路径上大气环境的影响,但是大气环境本身并不会受到激光的影响,这类效应主要有吸收、散射、湍流等效应;而对于非线性效应,高能激光束作用于大气环境改变其性质,然后又受其反作用,导致激光束在传输过程中产生畸变,常见的非线性效应有热晕效应和等离子体效应等。

通常情况下,为了减小大气线性效应引起的能量衰减、光强随机起伏、光束扩展等不利因素,除了增加发射功率外,目前最常用的方法是选取合适的激光波长,使其位于大气传输窗口范围内,同时采用自适应光学系统进行相位畸变补偿,以满足传输要求。当发射功率提升到一定水平时,非线性效应就会产生,在弱非线性条件下,自适应光学系统的补偿尚可提供有限的光束改善,随着非线性效应的加剧,这种补偿作用就会受到极大限制,这主要是因为经补偿后的光束反而会加剧大气气溶胶粒子对激光束能量的吸收,使得非线性作用等更为严重,因此,强激光传输可采用以下技术:

1)短脉冲激光技术

连续激光在传输过程中会对大气分子进行持续加热,产生严重的大气热晕效应,利用脉冲激光可以有效减弱热晕效应的影响。有数值分析结果表明:短脉冲脉宽短,与大气作用的时间远小于大气吸收其能量形成热透镜的时间,当热晕效应还未形成时,激光脉冲就已经平稳地通过了吸收介质,可有效避免热晕效应的产生。但是对于短脉冲,特别是超短脉冲而言,单脉冲能量有限,单纯增大其能量会导致峰值功率过高,进而击穿空气形成等离子体效应,对于这种问题,目前有两种解决途径:一是采用多脉冲序列,通过选取合适的发射频率来提高传输能量;二是利用等离子通道来进行激光传输,这种方法目前还处于初始研究阶段。

2)光束合成技术

光束合成技术是利用数个孔径同时发射多束激光,汇聚于目标平面上。根据合成光束的相位关系,光束合成可以分为相干合成和非相干合成两类。

相干合成要求精确控制各路光束的相位、波长及偏振状态,利用多孔径激光阵列在远场的相干叠加实现高功率激光传输。激光相控阵技术可极大减小系统体积与质量,通过扩展相干光源的数量大幅提升输出功率,且各路光束相位的控制可实现对激光大气传输效应的有效补偿。作为未来强激光传输的重要研究方向,该技术目前在全电高精、高速、大角度扫描等方面仍面临众多技术难题。

非相干合成与相干合成相比,没有各路光束的相位锁定、偏振匹配等要求,它仅需各路光束能够同时聚焦于同一目标区域即可,从而克服单光路功率有限的短板,实现大功率辐照。系统简单、鲁棒性高是该技术的优点,但其缺点也很明显,主要表现在辐照目标的功率密度受到限制,这是由于每路光束使用的是各自的光束定向器,指向稳定性易受大气效应的影响,使得目标上合成光束的尺寸时刻在变化,且随着传输距离的增加,长时光斑平均直径显著增大。在实用化方面,美国 LaWS 系统、德国战术激光演示系统都是基于非相干合成技术。

(4) 高效毁伤技术

高能激光持续辐照目标,使其材料的特性和状态发生改变,例如温度升高、熔融、汽化、破裂等。本质上,激光与材料相互作用的过程是电磁场与物质结构的共振及能量转换。通过对能量的吸收、积累与转化,目标会相应的产生热力学效应、等离子体效应等,据此激光对目标的毁伤方式可分为热烧蚀毁伤、激波毁伤和辐射毁伤。

热烧蚀毁伤在辐照激光能量较高时表现为对材料的熔融乃至汽化,并由此在材料表面形成凹坑或者穿孔,甚至会产生材料内部温度高于表面温度的现象,这时,由内而外产生的高压作用超过材料弹性阈值时,便会发生结构性的毁伤效果。当辐照激光能量较低时,虽不能对材料造成直接的毁伤,却可以通过加热软化效应来改变其屈服强度、拉伸强度等物理特性。对于导弹等飞行目标而言,抗拉抗压强度的下降,会使其在飞行气动应力的作用下变形或者解体。目前而言,热烧蚀毁伤是激光武器系统最主要的攻击手段。

激波毁伤热积累过程相对要弱很多,它是高能脉冲激光特有的毁伤方式。由于高能脉冲具有很高的峰值功率,当其与目标材料相互作用时,会在其表面形成等离子层,等离子层向外喷射对靶面形成一个反向冲击力,并产生称为压缩加载波的冲击波向靶内传播,随着激光功率的下降,还会产生一个压缩加载波,两者叠加形成激波。经目标自由面反射后转换为拉伸应力,当力的大小达到材料的损伤阈值时,就会产生断裂破坏。

辐射毁伤的前提也是等离子体的产生,但该毁伤方式主要利用的是等离子体辐射的紫外线和 X 射线,它们主要对目标的易损电子元器件造成电离毁伤。对导弹来说,最易受到辐射毁伤的是其导引头,而导引头作为导弹的"眼睛",一旦受到致盲毁伤,失去精确制导能力,那么导弹只能依靠惯性飞行,大大降低了其战场威胁。

4.2.4 典型作战模式分析

激光武器的作战使用受到以上各关键技术的共同制约,技术发展的不同阶段,战场应用模式也截然不同。

(1) 致眩/致盲作战

随着军事高科技的不断发展,红外成像制导技术已经成为精确制导技术的发展主流,其中的典型代表为美国的 AIM-9X 红外凝视成像空空导弹,其采用面阵凝视成像体制,具有灵敏度高、空间分辨率高、抗干扰能力强等优点,是目前战场干扰对抗技术需要研究的主要作战对象。

定向红外对抗系统可以实现对导引头的干扰致眩和毁伤,主要取决于聚焦到导弹的红外导引头上的激光的功率密度。

对红外导引头的致眩是通过注入超出红外导引头能承受的辐射强度的激光信号,使导引头的传感器不能正常工作,影响导引头的控制和工作状态。致眩干扰需要的激光功率为瓦级。

对红外导引头的致盲是利用功率较高的定向激光束直接烧毁敌方导弹的红外探测器,但即使激光功率达不到热破坏的程度,光电器件也会出现类致盲效应。出现致盲后,器件的探测能力要经过一段时间(秒级)才能恢复到原来的水平,期间探测器失去探测功能。

(2) 拦截亚声速巡航导弹作战

巡航导弹体积小、质量轻，可由多种平台发射，突防能力强，美国近两年研制的"贾斯姆"-ER 导弹(JASSM-ER)和远程反舰导弹(LRASM)，均大大提升了智能化程度。但巡航导弹的固有弊端——亚声速飞行，为激光武器实施有效地空拦截提供了较长的时间窗口，而且最有利于激光攻击的部位为其最前端的制导系统，当受到高能激光辐照时很容易造成光电装置传感器的永久损伤，使其丧失制导能力，此后依靠惯性飞行，丧失作战能力。

巡航导弹在亚声速飞行状态下，若从末段 10 km 处开始实施拦截，有 40～50 s 的时间窗口。此时，数十千瓦级的激光功率，聚焦光斑小于 100 mm，在 10 s 内基本可以完成对 10 km 范围内巡航导弹导引装置、发动机和壳体的烧蚀甚至烧穿破坏。目前已报道的激光武器原理样机验证试验，大部分输出功率都在这个量级范围内，例如美国部署于海基平台的反装甲武器(LaWS)系统、机载平台的盾(SHIELD)系统、地基平台的高能激光(HELMD)系统，均获得了较为理想的实验结果。

(3) 近距拦截空空/地空导弹作战

对来袭的空空导弹和地空导弹进行自卫拦截作战的激光武器，其部署平台主要为战斗机，且发展的更高目标是具备近距空战能力以及对地面目标的打击能力。由于空空/地空导弹的飞行速度快、飞行时间比较短，机载激光武器需要在较短的时间内完成目标的捕获与跟踪，并实施快速有效打击。激光武器毁伤空空/地空导弹的作战样式一般有自卫方式和它卫方式两种。

导弹在飞行过程中，其探测系统始终正对着目标，弹轴大部分时间也都指向目标，激光容易照射导弹头部，因此自卫作战模式下，导引头是容易被毁伤的关键部位。经实验验证，对于光电/雷达导引头探测器的毁伤功率密度一般在 10^5 W/cm^2 量级。同理分析，它卫方式作战时，激光武器可以优选对导弹弹体进行硬杀伤，使弹体结构强度剧减，从而使导弹在机动过载状态下解体，或者引爆战斗部的装药，或者发动机内的燃料，彻底摧毁导弹。对于工作状态下的导弹发动机，有实验验证的毁伤阈值为 10^3 W/cm^2 量级。根据美国政府机构和工业集团的研究结果可知，该量级的激光武器也可开展对有人驾驶飞机的作战。

(4) 中远距拦截弹道导弹/高超飞行器作战

弹道导弹的飞行弹道包括助推段、自由飞行段和再入段。助推段的弹道导弹飞行速度慢、红外辐射特性明显、目标体积大、远离本土，因此是拦截的最有利阶段，但该段拦截时间窗口仅有 1～5 min，因此，以光速作战的激光武器是拦截助推段弹道导弹的最佳选择。助推段的拦截可以由兆瓦级高功率战略机载激光武器完成，毁伤方式为热烧蚀破坏和软化破坏，可以选择攻击的部位为弹头和发动机。

迄今为止，只有美国 ABL 机载激光武器系统完成了对弹道导弹的拦截试验，但其武器系统本身存在的许多缺陷，大大限制了助推端激光武器拦截技术的发展。目前，对助推段进行拦截的发展方向是将小型电激光器集成进高空无人机去执行助推段拦截任务。实现这种高空无人机载激光武器的关键是激光器，它要求激光器的功率密度是 1～2 kg/kW，这样产生 1 MW 功率的激光器仅重 1～2 t，这是无人机可以承载的重量。而要将激光器的功率密度从目前的 30～40 kg/kW 降至 1～2 kg/kW，在短期内是难以实现的。从作战距离上说，对弹道导弹助推段的拦截应在 500 km 之外，这对光束控制系统也提出了更高的要求。

由于高超声速巡航导弹的受载飞行段与弹道导弹的助推段所面临的作战条件极为相似,且其巡航高度在 20~40 km,目前常规导弹防御系统拦截存在一定困难,因此也可采用机载激光武器对其实施拦截。

(5)远距反卫星作战

激光武器攻击卫星主要是以高强度激光在一定时间内照射卫星壳体,进而造成太阳能电池板摧毁、表面热控制材料破坏、卫星天线损毁等热损坏。由于卫星所处的空间没有介质进行热传导和热对流,所以辐照热量的扩散只能通过辐射。这样,激光束的能量很容易在卫星上积累而使其温度升高,以至损坏其部件。

在作战距离上,反卫与反弹道导弹基本一致,或大于后者的作战距离,考虑到地球表面大气的密度随着高度的增加而减小,从 15 km 以上直到太空,只有相当于总量 1/8 的大气。因此,如果机载激光武器系统在这一高度以上进行攻击,则基本可以避免近地各种大气效应而引起的能量衰减和光束畸变等问题。对激光武器的输出功率需求也在兆瓦量级,光束质量接近衍射极限。可保守认为只需要在反弹道导弹的激光武器系统上稍微有所提升即可实施反卫作战。而且卫星的飞行轨道通常都是固定的,在其到达特定区域之前,机载激光武器系统即可提前准备,伺机发射激光;载机也可与卫星同步飞行,延长其攻击时间。

4.3 粒子束武器

粒子束分为低能粒子束和高能粒子束。低能粒子束与激光相似,只是激光是把能量沉积在靶目标表面的一薄层中,并被靶表面薄层吸收;高能粒子束则不然,它能够穿入靶目标内部,且随着粒子束速度或能量增大,其射程增大、穿透力增强,故比激光的杀伤机制多、杀伤力更大。

4.3.1 概念及杀伤机理

粒子束武器是一种利用接近光速的密集微观粒子(质子、电子、离子)束流去毁坏目标或使目标功能失效的定向能武器,也是至今最有威力和最具威慑力的定向能武器。

粒子束武器的杀伤机理如下:用高能强流加速器将粒子源产生的电子、质子和离子加速到接近光速,并用磁场把它们聚集成密集的束流,直接去掉电荷后射向目标,靠束流的动能或其他物理效应摧毁目标。具体来讲,这些粒子束发射到空间,可熔化和破坏物体,利用动能杀伤目标,且在命中目标后,还会产生二次磁场作用,对目标进行毁伤。高能粒子束击中目标后,其携载的能量沉积在目标表面上,会将目标的金属表皮或外壳瞬时击穿而导致结构破坏;高能粒子束穿入目标内部,产生强大的电场、热辐射和冲击波,从而使目标战斗部的炸药爆炸、易燃物品燃烧、电子线路损毁或使绝缘材料变为导体;高能粒子束在射向目标的途中会与大气相互作用,产生很强的二次辐射,从而对目标形成软杀伤。

粒子束的杀伤机制是多方面的,主要包括结构破坏、炸药或推进剂早爆早燃、电子系统和元件的辐射效应、剂量杀伤等。

4.3.2 分类、功能及主要特点

粒子束武器按使用特点和粒子性质,可分为两大类:在大气中使用的中性粒子束武器和在外层空间使用的带电粒子束武器。前者主要对目标施行直接击穿硬杀伤,或使目标局部失效软杀伤;后者主要用于拦截助推段的弹道导弹,也可以拦截中段或载入段目标。按照部署方式和载体平台类型,可分为陆基、舰载和天基粒子束武器。陆基粒子束武器主要用于拦截进入大气层的战略弹道导弹,执行保护战略导弹基地等主要战略目标作战任务;舰载粒子束武器主要用于保护航母编队、大型舰船,使其免遭反舰导弹来袭;天基粒子束武器亦称空间粒子束武器,主要用于拦截大气层外来袭的导弹或其他太空飞行器(如,正在空间轨道上运行的敌方卫星等),也可以从天空直接攻击地面目标。按照射程,还可分为近、中、远和超远程粒子束武器。

粒子束武器的主要特点是贯穿能力强、速度快,能量大,反应灵活,能全天候作战。与常规(传统)武器相比,粒子束武器具有如下特点:

①拦截速度快。粒子束武器所发射的粒子束速度接近光速,可直接极快地拦截高速机动目标,而不需要考虑提前量。

②发射率极高。在解决事先可储存大量能量的储存装置前提下,粒子束武器能连续发射(大约每秒发射600亿个粒子)而不受"弹药"供应限制,直至能枯。

③杀伤力极大。粒子束武器不但依靠高动能杀伤,而且能够进行射线破坏,使敌方炸药早爆、电子设备失效,故杀伤力极大。粒子束武器的高能粒子束流发射到目标时的威力相当于高能炸药直接在目标上爆炸所具有的威力,足以摧毁卫星、来袭的洲际弹道导弹和其他高速高机动目标。

④具有攻击和拦截多目标能力。由于粒子束武器变换射向十分方便又迅速(只需改变加速器粒子束流出口处的导向电磁透镜中的电流方向),因此使用一套武器可攻击和拦截多个目标。

⑤具有全天候作战能力,且无污染。由于粒子束武器的高能粒子束流能穿透云、雪、雨等,受天气条件影响很小,因此具备全天候作战条件和能力,且没有环境污染问题。

4.3.3 系统构成及关键技术

粒子束武器通常由以下四部分构成,即粒子束生成装置、能源系统、目标跟踪与瞄准系统和指挥与控制系统。

①粒子束生成装置是其核心部分,包括粒子源、粒子注入器、高能粒子加速器等设备。这里,高能粒子加速器是粒子束武器的关键部分(粒子加速器如图4-2所示)。

②能源系统是粒子束武器的动力源。为了满足强能源的特殊要求,研制新储能设备和新型脉冲电源是至关重要的。

③目标跟踪与瞄准系统是一套精确的跟踪与瞄准设备,用于精确测定目标飞行参数、计算粒子束发射角、控制粒子束射击时刻和判定射击效果等。

④指挥与控制系统的功能和作用类似于精确制导武器系统中的指挥控制系统,是粒子束武器的"中枢神经"。

第 4 章 防空反导新概念武器

图 4-2 粒子加速器

粒子束武器的发展和实战表明,粒子束生成和能源技术始终是其最关键的技术,包括高能粒子加速器的研制和选用,新脉冲电源和储能装置的设计与实现。为了粒子束的高精度跟踪与瞄准,必须有极高精度的跟踪与瞄准系统,这方面的技术目前仍然受到一定限制。

4.3.4 研究现状与应用前景

粒子束武器的原理并不复杂,但要进入实战难度非常大。首先是能源问题,粒子束武器必须要有强大的脉冲电源,能源系统是粒子束武器各组成部分的动力源,它为武器系统提供动力,可以认为是粒子束武器的"弹药库"。

美国、俄罗斯正在加紧研制新型储能设备和新型脉冲电源。美俄对于粒子束武器的出发点是立足于空间作战与防御。未来粒子束武器技术的发展趋势主要是高功率、小型化。美国主要致力于粒子束的基础性研究工作,正抓紧研究适于部署在地基和天基反导平台上的小型、高效加速器及其技术,进行粒子束产生、控制、定向和传播技术理论验证和实验室的试验。目前产生粒子束的方法是利用线性电磁感应加速器,但由于加速器太笨重,无法投入战场使用。高能量转换技术研究方面,美国空军研究机构称,传统的可控硅开关和火花放电开关的研究已经成功,下一步将开展磁性开关研究。

粒子束武器将广泛运用于防空反导、反卫和近程防御作战。粒子束武器在高技术战争中的应用,表现在利用天基中性粒子束武器进行洲际弹道导弹的拦截。在大气层外,中性粒子束武器可用于拦截高层空间飞行的弹道导弹和卫星;地基带电粒子束武器适用于大气层内的海上或陆上的防空反导。美国海军研究得出结论,地基带电粒子束武器对反舰导弹的硬杀伤作用要优于高能激光武器和高功率微波武器。粒子束武器未来的用途将是拦截导弹、攻击卫星,以及在敌防区外实施扫雷,在水面战舰近程防御中的应用前景更为诱人。

4.4 高功率微波武器

从概念上讲,高功率微波武器与激光武器、粒子束武器一样,其能量都是以光速或近光速传输的。但杀伤机理同与激光武器、粒子束武器又有明显差异,主要表现在高功率微波武器对目标的破坏是软杀伤,即干扰或烧毁敌方武器系统的电子器件、电子控制及计算机系统等。因而造成这种破坏所需要的能量要比激光武器小好几个数量级,打击范围却大得多。

4.4.1 概念及杀伤机理

高功率微波武器又称为射频武器,是利用定向发射的高功率微波波束毁坏敌方电子设备、电力设施或杀伤其有生力量的定向能武器。其可在极短的时间内通过高增益天线定向辐射高功率微波,使微波能量聚集在很窄的波束内,形成功率高、能量集中且具有方向性的微波射束,以极高的强度照射目标,干扰或损坏目标设备的电子元器件,使其失效或失能。

高功率微波武器具备光速传播、瞄准精度要求较低、同时杀伤多个目标等优势。其可利用电效应、热效应和生物效应等对各类目标实施软、硬杀伤,通过前后门耦合进入敌方电子系统,干扰或损坏重要传感器,毁坏关键电子元器件,干扰或毁坏计算机、通信系统,对雷达、导航、通信、战场感知等武器装备系统有很大威胁,是信息对抗中的重要攻击武器。高功率微波武器如图 4-3 所示。

图 4-3 高功率微波武器

微波武器的工作机理是基于微波与被照射物之间的分子相互作用。将电磁能转变为热能,通过毁坏敌方的电子元件、干扰敌方的电子设备来瓦解敌方武器的作战能力,破坏敌方的通信、指挥与控制系统,并能造成人员的伤亡。由于其威力大、速度高、作用距离远,而且看不见、摸不着,往往伤人毁器于无形,因此,被称为高技术战场上的"无形杀手"。

高功率微波武器的杀伤机理是基于人体和电子设备对电磁辐射的电磁场感应效应、热效应及生物效应。电磁感应效应指高功率微波在射向目标时将会在目标结构的金属表面或导线上感应出电流和电压,并对其目标上的电子元器件产生多种效应,使器件状态反转、性能下降、半导体结构击穿等;热效应是指高功率微波会使目标加热而升温引起各种效应,例如烧毁电子器件、引起半导体二次击穿等;生物效应是指高功率微波照射到人体或其他动物后所产生的热效应和非热效应,热效应会引起烧伤甚至烧死现象,非热效应会引起一系列反常症状,如神经紊乱、行为失控、心肺功能衰竭、双目失明甚至失去知觉等。

总之,高功率微波武器是初级电能或化学能源经过能量转移装置转变为高功率强流脉冲电子束,并在高功率微波器件内与电磁场相互作用,产生高功率电磁波。这种电磁波经过定向发射装置,变成高功率微波束发射到目标表面后会产生上述三种杀伤效应,造成敌方人员伤亡、电子设备及元器件失效或损坏,还能对隐身武器起到破坏作用甚至使之丧失战斗力等。

4.4.2 分类、功能及主要特点

(1)分类、功能

按照平台不同,高功率微波武器可分为陆基/海基、空基和天基三种类型。陆基/海基高功率微波武器以车辆、坦克或舰船为平台,目前主要用于反精确制导武器等近程防御,未来发展目标是反卫星;空基高功率微波武器以巡航导弹或者无人机为平台,主要用于攻击地面/空中电子信息系统;天基高功率微波武器以卫星为平台,主要用于反卫星或临近空间目标,战略应用价值非常高。

按照作战使用,高功率微波武器可分为两种:一种是一次性使用的高功率微波弹;另一种是可重复使用的高功率微波武器,可装备到车辆、舰船、飞机上作为攻防武器,用于攻击和防御反舰导弹、空空导弹等战术导弹和无人机等。

按照武器特点,高功率微波武器可分为超大功率微波干扰机、电磁脉冲弹、高功率微波炮。

按照进攻对象,高功率微波武器可分为打击卫星、打击飞机、打击指挥系统和压制防空系统等高功率微波武器。

从防御角度,高功率微波武器可分为反精确打击、反电子侦察、要地电磁防御、武器系统自卫等高功率微波武器。

从实战角度,高功率微波武器可分为微波波束武器和微波炸弹。微波波束武器主要是利用定向辐射的高功率微波波束杀伤点状目标,且同时杀伤多个目标;微波炸弹又称电磁脉冲武器,主要是利用炸药爆炸压缩磁通量的方法产生高功率电磁脉冲,杀伤面状目标,包括电子敏感元件和人体。这种武器可在几秒钟内像闪电般地摧毁敌电子设备,使雷达、通信等系统陷于瘫痪和引起人体心血管紊乱。

(2)主要特点

高功率微波武器在作战上堪称为"第二原子弹",有以下主要特点:一是具有全天候作战能力和长时间重复交战能力。二是覆盖频谱范围宽,就杀伤机理而言,微波炸弹比常规炸弹的杀伤半径至少大100倍,并对敌方电子系统有永久性毁伤效果。三是拦截目标成本相当低,如在导弹防御系统中,每发火箭拦截器需耗费数百万美元,而采用高功率微波武器只需耗费几千美元就能获得等效的杀伤概率,可见该类武器作战效费比亦相当高。四是波束较宽,对波束瞄准要求低,且可同时杀伤多个目标,故宜于作为区域性武器。五是具有良好的兼容性、保障性和隐蔽性。六是为对付电子设备而设计与制造的高功率微波武器尤其适用作为非致命武器和用于非致命性作战。七是光速攻击,打击精度高,命中概率几乎百分之百,可达成"指哪打哪"的效果。八是受气象气候条件影响小,可全天时、全天候使用。

4.4.3 系统构成及关键技术

高功率微波脉冲一般是指频率从 300 MHz 到 30 GHz，峰值功率超过 100 MW 的电磁脉冲。产生这种脉冲的装置本质上是把较大的能量在空间、时间上尽量集中压缩在极小的区域，瞬间产生极高的功率，即在极短的时间内把以各种形式存储起来的能量以强电脉冲的形式快速取出、传输、能量变换（成形），提供给负载，最后通过天线辐射出去，因此高功率微波具有高频率、短脉冲和高功率特点。其基本组成如图 4-4 所示。

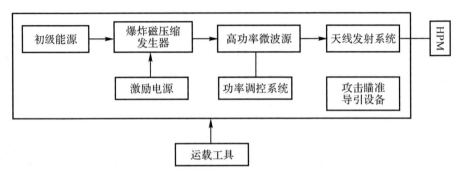

图 4-4 高功率微波武器的基本组成

初始能源可以是电容器组储存的电能，燃油或者燃煤、武器炸药中储存的化学能；激励电源采用强流电子束发生器。

高功率微波源可以选用相对论速调管、相对论磁控管、虚阴极振荡器、波束管离子产生器及自由电子激光器等。它与常规微波源的主要不同点是它采用强流相对论技术，即在兆伏(MV)级激励电压和数十千安培(kA)量级激励电流的作用下，从阴极发射出的能量可以达到数百千电子伏特(keV)以上的电子射束；当这些电子射束进入器件内相互作用区时，由这些电子的运动动能转换成微波场的电磁能，从而加速产生高功率微波脉冲射束。

在研发和运用高功率微波武器中，必须解决如下关键技术：

① 脉冲功率源技术，包括脉冲形状产生、功率调节及高功率开关等技术。

② 高功率微波源技术，包括基于"波-粒"相互作用的高功率微波源器件设计与实现及超宽带微波辐射源的研发。

③ 定向辐射天线技术，包括陈列天线技术、窄脉冲宽带天线技术以及天线优化技术等。

4.4.4 典型武器及应用实例

高功率微波武器将成为 21 世纪初信息化战争中攻击敌方信息链路或节点的重要手段之一，将在空间攻防对抗和信息对抗中发挥重要作用，对新军事变革产生深远的影响。其特点是全天候、光速攻击、精确打击、面杀伤、丰富的弹药、低成本。主要用于毁伤电子设备，使其功能降级，甚至完全不能工作，来瓦解敌方武器的作战能力。雷神公司研发的相位反无人机系统如图 4-5 所示。

图 4-5 雷神公司研发的相位反无人机系统

美国的一些重要发展计划都列入了微波武器项目。美国各军种对微波武器都有特殊的要求:陆军提出战术微波武器要能安装在大型履带战车上,而且要把定向性极高的天线装在直立的桅杆上,以利于最佳瞄准;空军要求微波武器体积小、质量轻,并采用专用天线;海军的舰载微波武器要求具有高功率、大天线和较远的作用距离。美国的微波武器如图 4-6 所示。

图 4-6 美国的微波武器

高能微波反无人机(THOR)系统由 Kirtland 空军基地的美国空军研究实验室(AFRL)、英国航空航天公司(BAE)系统公司、Leidos 公司以及 Verus Research 公司联合开发,雷神公司研发的高功率微波系统(见图 4-7)是美国空军为应对小型无人机蜂群威胁而开发的新型微波武器;BAE 公司的舰载高功率微波近程防御系统(见图 4-8)是美国海军为应对低空近程目标而开发的新型微波武器。

图4-7 雷神公司研发的高功率微波系统

图4-8 BAE公司的舰载高功率微波近程防御系统

THOR系统通过发射高功率、短脉冲微波使无人机系统自身的电子设备失效,以近乎光速击落无人机。THOR新型微波武器系统(见图4-9)依靠发电机运行并可以存储在运输平台中,且一台发电机就可驱动;可以通过卡车实行陆地运输,也可储存在集装箱内,由C-130等运输机实行空中运输,这意味着它几乎可以运输到任何地方。

美国高功率微波技术的发展仍以反电子设备、反弹道导弹为长远目标。从美国制定的长线目标来看,美国制定高功率电磁源和高功率电磁效应的长期研究计划,其重要目的之一就是推进下一代高功率微波技术的发展,提高高功率微波的效率和杀伤力。而美国制定的高功率电磁技术在网络和电子战、无人机平台上的应用,本质上就是逐步建立高功率微波反电子设备,甚至是反导能力。美国凭借其技术优势,正在研发陆基/海基、空基高功率微波武器,未来还将发展天基高功率微波武器。目前,美国正在进行的项目主要包括高功率联合电磁非动力打击项目、反电子设备高功率微波先进导弹项目、高功率微波炸弹项目和高功率电磁研究项目等。

图 4-9　THOR 新型微波武器

4.5　电磁轨道炮

电磁发射技术利用电磁能将物体推进到高速或超高速,是机械能发射、化学能发射之后的一次发射方式的革命,它通过将电磁能变换为发射载荷所需的瞬时动能,可在短距离内实现将克级至几十吨级负载加速至高速,突破传统发射方式的速度和能量极限,是未来发射方式的必然选择。

4.5.1　概念及工作机理

电磁轨道炮是利用电磁系统中电磁场的作用力,沿导轨发射超高速炮弹并以其巨大动能毁伤目标的动能武器系统,是完全依赖电能和电磁力加速弹丸的一种超高速发射装置,可大大提高弹丸的速度和射程。

电磁轨道炮的基本工作原理如图 4-10 所示,其是利用强大电磁能将弹丸的速度加速到极高,可以大大超过火炮的射程,甚至可以与一些导弹武器相媲美。导轨是一对平行的金属轨道,用于传导电流,金属轨道镶嵌在用高强度材料制成的绝缘筒内,构成炮管。当发射弹丸时,脉冲形成网络生成的强电流脉冲通过一根导轨,经过电枢,流向另一根导轨。通过驱动线圈的交变电流在线圈内外空间产生交变磁场,而位于此空间的发射体在交变磁场的作用下产生感应电流,即涡流;发射体内的这个涡流,反过来与线圈磁场相互作用而受到电磁力,电磁力推动电枢和置于电枢前面的弹丸沿导轨加速运动,从而获得很高的初速度,弹丸沿导轨向外运动直到从炮口末端发射出去。

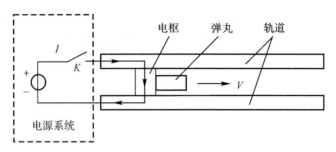

图 4-10 电磁轨道炮的基本工作原理示意图

电磁轨道炮发射过程为：电枢及其上固定承托的炮弹被压入炮膛；接通电源开关，高达几百万安培的超强电流由后膛馈入，流经轨道、电枢和另一侧轨道，形成闭合回路；两根轨道中的反向电流在轨道之间区域形成超强磁场，对载流电枢产生洛伦兹力；强大的电磁力直接驱动电枢并带动炮弹迅速加速，其瞬时加速度 G 值可达 45 000 g 以上；在超级加速度的驱使下，炮弹在十米不到的轨道长度内被加速至 7～9 倍声速（2～3 km/s）的超高速度并发射出去。电磁轨道炮内部结构如图 4-11 所示。

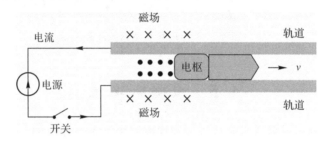

图 4-11 电磁轨道炮内部结构

4.5.2 分类、功能及主要特点

(1) 分类、功能

1) 根据轨道电结构形式分类

根据轨道电结构形式，电磁轨道炮可分为简单轨道炮、多轨电磁轨道炮、分散馈电型电磁轨道炮、分散储能型电磁轨道炮。

简单轨道炮的特点是只需一对轨道，结构简单，但是电感梯度较小，要产生相同的推力，所需的电流较大，这样轨道之间的排斥力较大，对于外部的包封装置要求较高。

多轨电磁轨道炮是使用多于两条的轨道发射同一弹丸的轨道炮。有研究表明，4 轨道电磁炮比双轨道电磁炮有更好的性能。4 轨道电磁炮使用了 4 条等距离、轴对称平行排列的轨道，轨道交错地连接在电源的阴极和阳极上，由开关控制接通或断开电路。相对的轨道具有同极性，相邻轨道间由绝缘体隔离，它们围绕对称轴形成身管。

分散馈电型电磁轨道炮是用初级电源和电感器组成脉冲成型网络，以便获得近似恒定的总电流。由于足够多的级数时序地转接到轨道炮上，发射期间电枢电流接近恒量。这些多级储能器馈电的方案仅对身管为几米长或更小的轨道炮有效，能把效率提高 20% 或更多些。

分散储能型电磁轨道炮各电容储能器沿轨道等间距地分布,每个储能器包括初级电源和一个二次储能电感器(电感 L 和电阻 R)。当弹丸在膛内运动到某一储能区段时,该储能器向电枢放电,如此逐级加速弹丸。此举可以做到弹丸出膛前各储能器的储能用尽(电流降至零),而在加速过程中电枢却得到一近似恒流的总电流,并在某时刻仅轨道的一小部分参与传导满负荷电流,从而减少了轨道的欧姆损失和储存在轨道电感内的剩留磁能。

2)根据电枢状态分类

根据电枢状态,电磁轨道炮可分为等离子体电枢电磁轨道炮、固体电枢电磁轨道炮与混合电枢电磁轨道炮。

等离子体电枢电磁轨道炮可以实现初速 4 km/s 以上的超高速发射,但难以解决轨道与内膛绝缘材料的抗烧蚀问题。

固体电枢电磁轨道炮尽管初速不及等离子体电枢电磁轨道炮,但也能达到 2.5~3 km/s 的发射初速。美军研究表明,弹丸速度达到 2~3 km/s 就可以满足现代常规战争的需求,在这样的速度范围内,固体电枢电磁轨道炮比等离子体电枢电磁轨道炮具有更高的发射效率,在身管抗烧蚀、发射稳定性和重复性等方面具有优势。

混合电枢电磁轨道炮,炮膛横截面的大部分由铝固体电枢传输电流,而固体电枢和轨道间隙部分由等离子体传输电流,但是目前有关混合电枢电磁轨道炮的研究非常少。

(2)主要特点

轨道式电磁发射是电磁发射技术的主要分支,具有初速高、射程远、发射弹丸质量范围大、隐蔽性好、安全性高、结构不拘一格、受控性好、工作稳定、效费比高、反应快等特点。

4.5.3　系统构成及关键技术

(1)系统构成

电磁轨道炮系统主要由电磁轨道炮发射器、脉冲电源、电枢(弹药)组成。

1)电磁轨道炮发射器

电磁轨道炮发射器是能量转化的核心。发射器由轨道、绝缘体、包封装置等部分组成。轨道主要用于导电,并在电枢运动时起导向作用;内膛绝缘体一方面保证上下轨道间的电绝缘,另一方面也对电枢有导向作用;包封装置及发射器内的其他绝缘支撑体用于抵抗发射时的轨道变形,保证发射器具有良好的强度、刚度、直线度。

2)电磁轨道炮脉冲电源

电磁轨道炮发射过程中,弹丸的加速时间极短,初速极高,最高功率需求达到常规电源无法支撑这样的瞬时功率需求,需要采用脉冲功率电源。脉冲电源负责为电磁轨道炮提供能量,要在几毫秒的时间内提供几十至上百兆焦的电能,驱动电枢在膛内运动。

脉冲功率技术是在较长的时间用相对较小的功率将电能储存起来,根据需要瞬态释放,实现能量在时间尺度上的压缩和功率的倍增,可以支撑电磁发射的需求。脉冲功率电源中,储能元件是核心元件,常见类型包括电容储存静电能、电感储存磁能、电机储存惯性动能。总体来讲,电容储能在功率密度上独占鳌头,但体积和质量都较大,如美国通用电子公司"闪电"电磁轨道炮所使用的电容器有两辆拖车式卡车大,显然无法实现高机动性。惯性储能在储能密度上优势明显,但技术成熟度较低。

3）电磁轨道炮电枢（弹药）

电枢是电磁轨道炮的关键部件,是发射过程中主要受力部件,与战斗部、弹托等部件共同组成电磁轨道炮弹药。电枢作为电磁推力的载体,将电磁能转化成为动能,推动弹丸达到超高速。由于电枢在强电场、磁场环境下工作,其性能的优劣将直接影响电磁轨道炮的发射性能与效率,因此,电枢性能是电磁轨道炮成功高效发射的重要保证。同时在满足各项发射要求的前提下,电枢质量应该尽量小,以提高战斗部的终点毁伤能力。

(2) 关键技术

电磁轨道炮的关键技术主要包括电磁轨道炮建模与仿真技术、电磁轨道炮发射技术、电磁轨道炮脉冲电源技术以及一体化弹药技术。

1）电磁轨道炮建模与仿真技术

电磁轨道炮发射过程复杂,涉及电、磁、热、力等各物理场,影响其发射性能的因素较多且存在耦合关系,如果仅依靠物理试验所得数据分析,很难得到各因素对发射性能的影响规律而且研制周期较长。因此,为了深入分析电磁轨道炮的作用机理,进一步增强对电磁轨道炮发射过程的认识,利用现代仿真技术对电磁轨道炮发射过程进行研究是十分必要的。

电磁轨道炮的建模与仿真技术主要分为集总参数模型和有限元模型两种。集总参数模型的优点在于模型简单、物理过程清晰、易于编程、求解较快、从方程中可发现结果对参数的依赖关系,同时通过对电源触发策略的优化,可实现电磁轨道炮高效可控发射;其缺点是无法获得如磁场密度、电流密度分布等各种场景,对于装置细节了解不足。有限元方法直接从偏微分方程出发,通过离散分析的对象,形成代数方程组,求解后获得常量的时间空间分布。其优点是可模拟实际复杂的多物理场耦合动态发射过程,计算结果准确;其缺点是建模过程复杂,求解时间较长。

2）电磁轨道炮发射技术

电磁轨道发射是一种能将物体加速至超高速度的新型发射方式,它利用电磁力驱动有效载荷,能将电磁能转换成机械动能。电磁轨道炮技术是发射技术发展的必然趋势,将广泛地替代现有的传统发射模式,是武器技术电气化和信息化的重要组成。需要解决的主要问题包括：在发射过程中,大电流电枢高速运动引起电弧烧蚀、高速刨削、材料软化等现象,从而降低发射性能甚至严重缩短发射器寿命;电磁轨道炮身管工况特殊、结构复杂,开发轻质、高效的身管是电磁轨道炮走向实战应用的关键;枢轨接触面及其附近区域的温度分布特征直接反映了枢轨滑动电触的状态,因此成功获取枢轨接触面及其附近区域的温度分布的试验数据,对深入分析枢轨滑动电接触性能、烧蚀、刨削损伤机理及抑制方法具有重要价值。

电磁轨道炮发射器是轨道炮设计的关键环节,对轨道炮性能起决定性作用。其中,采用增强型轨道可以得到更高的初速,而且能量转换效率也有所提高。这意味着想要得到相同的初速,增强型发射器所需的电流幅值可以远远小于传统型发射器,非常有利于轨道结构和电枢的设计。

轨道失效不仅使轨道炮的总体性能下降,而且影响发射器轨道寿命。目前,已知的影响发射器寿命的主要因素是身管和电枢材料及结构本身,包括轨道电极材料、轨道结构、等离子体电枢材料和结构、轨道绝缘子材料等。另外,电枢在轨道内的加速状态和工作条件,如弹丸在主炮的初速、膛内的尾部废气、加速电流的波形参数等均对轨道电极的烧蚀有影响。轨道炮的使用寿命直接制约着其军事应用空间,轨道若遂行大纵深火力覆盖对敌大面积毁伤作战任务,必须解决轨道的长寿命问题。由此可见,只有长寿命技术突破后,电磁发射才具备武器化研制条件。对长寿命发射器的迫切需求与落后的发射器长寿命技术是目前电磁轨道炮技术发展面临的最主要矛盾。

3)电磁轨道炮脉冲电源技术

脉冲电源是电磁轨道炮中的主要部件,对于轨道炮来说,可看作化学发射器的发射药,它为轨道炮提供发射用的能量和功率,是轨道炮的工作动力。电磁轨道炮的发展和脉冲电源技术的进步息息相关。目前,电磁轨道炮能否达到快速实用,主要取决于能否找到理想的电源。

尽管当前电源水平已有显著提高,能满足某些情况下的军事需求,但其小型化水平离高机动作战使用要求还有相当大的差距,脉冲电源技术将长期制约电磁轨道炮的应用范围。从黑火药发明产生土枪土炮以来,火炮发展了上千年,但火炮代替抛石机全面应用也才100多年历史,主要原因是黑火药可控性差、能量低和燃烧不完全,以及受金属材料和机械制造能力的限制。改变火炮命运的发明是无烟火药,它不仅储能密度高,而且便于做成各种形状来控制燃气的生成,从而控制膛压,使发射过程更加易控,提高安全性并降低火炮质量。对电磁轨道炮而言,同样需要一个无烟火药的出现,它具有又小又轻的特征(储能密度达到10 kJ/kg、功率密度大于1 MW/kg),使电磁轨道炮像传统火炮一样具备高机动能力,广泛应用于未来的战场,发挥其大威力、远射程和多功能的优点。

4)一体化弹药技术

一体化弹药的典型工况包括大电流(兆安级)、强磁场(数十特)、高载荷(百兆帕级)、高热(数百吉瓦每平方米)和高速运动条件等。与传统弹药系统相比,电磁轨道炮电枢设计技术是全新的。需要解决的主要问题包括:在发射过程中,大电流使电枢升温导致其力学性能下降甚至失效的问题;枢轨界面接触属于大电流高速载流摩擦磨损。为了保证良好的电接触状态,枢轨界面需要稳定的接触力。在接触状态不良时,会出现烧蚀现象。另外,还可能发生枢轨材料的机械损伤现象,即刨削现象;电枢是发射过程中的主要受力组件,也是弹药系统的寄生质量。因此在满足各项要求的前提下,电枢质量应该尽量小,以提高作战能力。

枢轨接触面上发生的刨削和烧蚀现象是影响轨道炮性能与寿命的重要因素。目前,普遍认为刨削现象可归于高速相对运动下的枢轨摩擦问题,而速度趋肤效应是烧蚀的物理机理。相对来说,对于轨道炮的烧蚀现象有待于进一步的深入研究。虽然对于刨削、烧蚀现象的认识有待深入,但在已有认识的基础上,轨道炮工程应用研究已取得巨大进展,一些用于指导工程设计的计算方法已被广泛接受。其中,在固体点数材料损失的情况下保持枢轨接触压力,使得枢轨间保持固体-固体接触状态是电枢设计的基本考虑。

4.5.4 应用前景

随着电磁发射技术不断发展,对于作为能源系统的脉冲功率源系统提出了更高的要求。电磁发射所需电流幅值高、上升时间短,需要多个脉冲功率源模块组成一个庞大的放电系统向发射器提供电能。如何适应战场机动性的需求、提供高密度储能装置以产生大电流是关键技术之一。自从 20 世纪 80 年代世界再次掀起电磁轨道炮研究热潮以来,欧美海军均认为这种新概念武器将最先应用于海军部队,这是因为现有科技条件下储能电源体积过于庞大,而海军战舰具有宽敞的作战平台,并具有良好的发配电系统,便于提供发射时所需的高功率脉冲电源。电磁轨道炮庞大的能量储存系统和脉冲形成网络如图 4 - 12 所示。

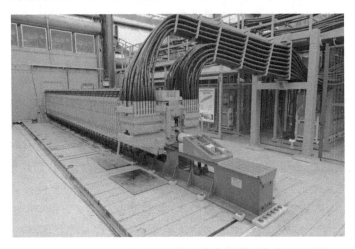

图 4 - 12　电磁轨道炮庞大的能量储存系统和脉冲形成网络

目前,美国正在加紧进行电磁轨道炮的装备研发,加速推进未来计划。BAE 系统公司和通用原子公司分别牵头实施海基和陆基型号研制项目,美国计划在 2020 年前部署炮口动能 32 MJ 的电磁轨道炮为阶段性目标,在 2025 年前部署炮口动能 64 MJ 为最终目标,未来美陆军也可能采用 BAE 公司研制的陆基型号。BAE 系统公司负责为美国海军研制的电磁轨道炮样机如图 4 - 13 所示,舰载电磁轨道炮如图 4 - 14 所示。

图 4 - 13　BAE 系统公司负责为美国海军研制的电磁轨道炮样机

图 4-14 舰载电磁轨道炮

4.6 网 络 武 器

网络亦称计算机网络,是将地理位置不同具有独立功能的多个计算机系统,通过通信设备、线路或系统连接起来,由功能完善的软件实现资源共享的拓扑结构;网络技术是通信技术与计算机技术相结合的产物,是按照网络协议将地球上分散的、独立的计算机资源相互连接,并实现应用的技术。

4.6.1 概念

网络武器就是指攻击敌方信息网络和保护己方信息网络不受敌方攻击侵害的软、硬件设备。简而言之,网络武器是一种直接进行网络对抗的新概念武器。

随着科学技术特别是信息技术、计算机技术和网络技术的进步,现代战争出现了网络战场的全新作战空间,能否夺取该作战空间的优势已成为决定战争胜负的关键。网络空间又称信息网络空间,是由计算机系统及其网络共同构成的虚拟空间,是快速处理和利用信息活动的主要空间领域。随着信息技术的飞速发展,电磁空间和网络空间呈现出一体化的发展趋势,即网络空间的形成以电磁空间的存在为基础,而电磁空间的构成以达到各种信息网络为目的。因此,二者被统称为网电空间,并被作为现代战争的第三维战场空间。网电空间作战被认为是为完成特定军事目的运用相关网电空间能力(包括网络武器在内),在网电空间或以网电空间为媒介和手段进行的攻防行动,包括对敌方信息系统的软杀伤和硬杀伤及对己方信息系统的防护行动。为实现网电空间作战效能,探测、侦察、制止、诱骗、扰乱、防御、剥夺及攻击与反击任何网络信号或电子传播,就是网电空间作战的实质。网电空间作战的主要方法和形式包括网电侦察、网电攻击和网电防御。

4.6.2 分类、功能及主要特点

通常,网络武器按照军事用途分为网络侦察武器、网络攻击武器和网络防御武器。

①网络侦察武器包括网络扫描和探测、网络侦听和窃密等,主要用于在网上获取敌方有关情报信息。

②网络攻击武器主要包括计算机病毒、拒绝服务、电子邮件、网络监听、入侵攻击等,主

要用以入侵、干扰和破坏敌方计算机系统正常工作,导致系统拒绝服务破坏系统的数据或在系统中造成安全隐患等。

③网络防御系统包括网络防护、防火墙、病毒防治、入侵检测和预警等,用于对敌网络攻击进行预防和检测,从而达到预防敌方入侵信息网络,保护己方信息网络信息安全的目的。

网络武器是实施网络作战的核心武器和最有力杀手。它具有隐蔽性、突然性、高效性和广泛性等突出特点。这就是说,使用网络武器来无影去无踪,施染病毒、窃取数据、引爆网络炸弹都在瞬间完成,故难以监测、难以应对,具有极好的隐蔽性;网络所能覆盖的都是可能的作战地域,所有网络都可能作为目标,故作战范围瞬息万变,突发性极大;实施网络攻击很可能使敌遭受惨重损失,甚至可能完全瘫痪其指挥控制系统,导致其社会混乱、经济崩溃,达到不进行火力战而屈人之兵的战略目的,故网络武器是绝对高效的软杀伤武器;网络武器的广泛性表现为它既是攻击型武器也是防御性武器,且所有的军用和民用网络都可能是它的作战目标和战斗基地。

4.6.3 典型武器及实战应用

网络攻击武器是指以攻击计算机信息处理与控制为核心的网络系统为目标,以信息获取、信息破坏、信息欺骗、节点打击、服务中断、远程控制、系统瘫痪等为作战目的的攻击性新概念武器。目前正在研发或已投入使用的计算机网络攻击武器主要包括逻辑炸弹、网络窃听器等。网络武器作为一种对未来战争具有重大影响的全新作战手段,为成功实施信息攻击,外军还研发了网络分析器、软件驱动嗅探器和硬件感应嗅探器等网络嗅探武器,以及信息篡改、窃取和欺骗等信息攻击技术和武器;为了强化网络防护,美国专门成立了计算机网络防御联合特种作战部队,用以重点防护 C^4KISR 系统免受敌方的各种信息攻击。与此同时,还研发了五层防御系统,即确认软件完整性系统、探测并跟踪除恶意代码系统、易损性评估系统、实时审查监视系统和保护探测反应系统,以提高信息系统保护能力。

下面以美国的典型武器为例,介绍网络武器。

(1)"舒特"系统

"舒特"计划是美国空军为弥补对敌防空压制能力的不足而提出的,是美国空军实现从传感器到射击器的无缝一体化作战网络计划之一,是美国空军正大力发展的侦察打击一体化作战系统的新模式。

1)内涵

"舒特"是一个空基网电攻击系统,其目的是实现情报、监视、侦察与进攻性电子压制和进攻性对空作战横向一体化集成,其核心目标是入侵敌方防空系统及相关信息网络。"舒特"包含功能强大的电磁辐射源侦测传感器、辐射源数据库和识别软件,基于这些信息和设备,其能够找到敌防空系统的漏洞并加以利用,发送假目标信息进行欺骗和误导,甚至非法接入并控制防空武器系统。因此,"舒特"是一种集战场侦察、电子干扰、网络攻击、精确打击与一体的综合性进攻平台。

2)基本功能

"舒特"能攻击具有电磁辐射特征的时敏目标,多平台协同实现对时敏目标的精确无源定位,包括地空导弹武器系统的雷达、通信等辐射源节点。通过对这些节点的攻击,瓦解敌方综合防空系统的整体作战能力,实现高效的持续的对敌防空系统进行压制作战的目标。

"舒特"突破了传统电子战、精确打击和网络攻击等单一对抗方式,利用专用宽带网络(ABIS),将物理域、电磁域和网络域的侦察平台、电子战、网络对抗和精确打击等武器平台有机连接成一个整体,通过网络中心协同目标瞄准(NCCT),实现了多个作战域信息共享和协同攻击。

"舒特"具有无线接入攻击能力,主要的攻击对象包括卫星、短波、超短波、微波等无线通信网络,接入成功后,通过报文解析、破译加密、注入、激活预置后门等手段,实现信息欺骗、目标控制、通信阻断和网络瘫痪等目的。

"舒特"系统具有接入和融合陆、海、空、天、电磁和网络等多个作战域情报的能力,能提供通用作战态势图,实现多域实时信息共享,关联各作战要素,实现跨域协同、快速规划、快速决策、快速行动和实时评估等能力。

3)组成

"舒特"计划试验系统由 RC-135V/W "联合铆钉"侦察机、EC-130H(罗盘呼叫)电子战飞机、F-16CJ 战斗机、网络中心协同瞄准系统(NCCT)和高级侦察员(Senior Scout, SS)系统等组成。

RC-135V/W "联合铆钉"侦察机是美国标准的机载信号情报(SIGINT)和电子情报(ELINT)平台。其传感器允许任务成员利用电磁频谱进行检测、识别和地理定位,可将搜集到的不同格式的信息用机上通信系统发送给多个用户。机上有 26~32 个席位:其中 5 个飞行员席、3~9 个电子战军官席、14 个情报操作员席和 4 个机载系统工程师席位等。

EC-130H(罗盘呼叫)电子战飞机主要用于对敌方空军无线电通信和指挥系统以及导航等设备实施干扰,并压制敌方防空和信息进攻,机上原有的任务系统 Block 30 软件主要用于对付指挥控制目标,开发的新的任务系统 Block 35,增加了干扰通信、早期预警、截获雷达和导航系统。任务系统 Block 35 大功率干扰位于 EC-130H(罗盘呼叫)的"矛头吊舱"内,具有特大功率放大器,采用 144 个单元大功率相控阵天线,可有 4 个独立波束对不同方向进行干扰,自动跟踪目标。EC-130H(罗盘呼叫)电子战飞机乘员 13 人,其中飞行员 4 人、任务军官 1 人、武器系统军官 1 人、密码管理员 1 人、分析操作员 4 人、截获操作员 1 人以及技术维护员 1 人。

F-16CJ 战斗机是美国典型的轻型战斗机,"舒特"计划把 F-16CJ 战斗机作为压制敌方防空系统的重要手段。美国对 F-16CJ 战斗机反辐射导弹(HARM)瞄准吊舱进行更新,以提高瞄准精度,并使其作用距离增加一倍。F-16CJ 战斗机还装备联合直接攻击弹药(JDAM)。在"舒特"计划中准备把有干扰能力的 F-16CJ 与 RC-135V/W 侦察机及 EC-130H 电子战飞机结合在一起,以三合一形式进行电子战攻击作战。

网络中心协同瞄准系统(NCCT)是美国空军网络中心协同 ISR 作战的计划,是舒特计划的中心装备,使用机器对机器接口和网际 IP 协议连接横向集成作战管理(BM)、指挥控制(C^2)/ISR 资产及系统,以向战区指挥官对时间敏感及优先目标提供及时发现、识别、地理定位、跟踪和攻击,可较大地提高发现和识别的正确概率、地理定位、跟踪精度以及攻击的成功概率。NCCT 可安装在 RC-135V/W 高级侦察机上。

高级侦察员(SS)系统通过美空军的 NCCT,与其他多种航空器、舰船和地面站一起对敌辐射源进行精确地理空间定位。各装备平台都具有信号或通信情报侦察能力,或地面移动目标监视能力。如,E-8联合监视与目标攻击雷达系统(JSTARS)向SS系统提供目标跟踪数据,再由SS系统完成对目标的精确地理空间定位。

4)攻击方式与攻击过程

①攻击方式。舒特的攻击方式包括电子干扰、火力打击和网络攻击三种。

电子干扰:通过数据链将目标信息传递给EA-6B、EA-18G等电子战飞机后,对预定目标实施电子干扰;

火力打击:通过数据链将目标信息传递给F-16CJ或其他战斗机,对预定目标实施反辐射攻击或精确火力打击;

网络攻击:通过数据链将目标信息传递给EC-130H专用电子战飞机,对预定目标实施网络攻击。

②攻击过程。舒特系统的攻击过程包括如下三步:

第一步,对目标实施电子侦察。

使用RC-135U/V/W电子侦察飞机在敌防空区外进行信号和信息侦察,及时掌握敌防空体系的无线电联络内容。如遇到不能实时破译的密码,可以立即通过全球信息系统送到美国国家安全局,对侦收到的各类信号参数和信息进行分析、识别、处理,然后将有关信息传递给地面指控中心。

第二步,根据作战目的选择电子干扰、网络攻击和火力打击等攻击方式。

第三步,控制、利用敌防空网络系统。

5)主要特征

①以网络为中心的侦察打击一体化。"舒特"系统是一种集战场侦察、电子干扰、网络攻击、精确打击于一体的综合性网电空间作战装备。

②"舒特"系统是"一点进入、全面控制"。典型的网络攻击特征为,只要侵入一个网络节点,通过该节点再进入到整个网络系统中,从而完成对敌整个系统的控制和监视。

③以无线为主要侵入手段,以网络节点为攻击重点。无线通信天线、雷达天线成为主要的入侵途径。但是其攻击的目的并不是这些通信系统或雷达系统,而是与其相连接的地面防空武器装备的网络系统,也就是寻找整个系统的网络中枢节点进行攻击。

④针对性的压制敌防空武器系统。美军认为,压制防空使命(SEAD)绝不仅仅是发射诱饵迷惑防空雷达或者用反辐射导弹摧毁防空雷达,其决定性因素是电子软杀伤,并逐步演变为真正的网电作战,直接侵入敌方战术网(即敌方防空指挥信息系统网络),以实现从传感器到射击器的无缝一体化作战的计划。

⑤其技术不断升级改进,渐进式发展。美军"舒特"系统发展至今,已有"舒特1"～"舒特5"等5代,并多次进行了技术能力验证,正在发展"新的舒特"。

"舒特"系统采取的渐进式发展模式,其技术在不断更新和发展,不是一种简单的、一成不变的作战工具。它的攻击手段和目标随着时间推移不断出现新的变化。

(2)"震网(Stuxnet)"病毒

1)内涵

"震网"病毒是一种蠕虫病毒,它的复杂程度远超一般电脑黑客的能力。"震网"病毒于

2010年6月首次被检测出来,是第一个专门定向攻击真实世界中基础(能源)设施(比如核电站,水坝,国家电网)的蠕虫病毒。其也是世界上第一个数字武器,它的到来宣告了数字战争时代的开启。

"震网"病毒也是高级持续性威胁(APT)的一种。美国和以色列利用其在信息技术方面的优势,综合利用军事、情报等多种特殊渠道,对伊朗核设施进行了长期的定向性网络攻击,并成功达到迟滞伊朗核计划、破坏伊朗核设施的目的。

2)传播方式

"震网"病毒利用了微软视窗操作系统之前未被发现的4个漏洞。通常意义上的犯罪性黑客会利用这些漏洞盗取银行和信用卡信息来获取非法收入。而"震网"病毒不像一些恶意软件那样可以赚钱,它需要花钱研制。这是专家们相信"震网"病毒出自情报部门的一个原因。

这种新病毒采取了多种先进技术,因此具有极强的隐身和破坏力。只要电脑操作员将被病毒感染的U盘插入USB接口,这种病毒就会在神不知鬼不觉的情况下(不会有任何其他操作要求或者提示出现)取得一些工业用电脑系统的控制权。

"震网"蠕虫的攻击目标是SIMATIC WinCC软件。后者主要用于工业控制系统的数据采集与监控,一般部署在专用的内部局域网中,并与外部互联网实行物理上的隔离。为了实现攻击,"震网"蠕虫采取多种手段进行渗透和传播。

其整体的传播思路是:首先感染外部主机;然后感染U盘,利用快捷方式文件解析漏洞,传播到内部网络;在内网中,通过快捷方式解析漏洞、RPC远程执行漏洞、打印机后台程序服务漏洞,实现联网主机之间的传播;最后抵达安装了WinCC软件的主机,展开攻击。

3)特点

①与传统的电脑病毒相比,"震网"病毒不会通过窃取个人隐私信息牟利。由于它的打击对象是全球各地的重要目标,因此被一些专家定性为全球首个投入实战舞台的"网络武器"。

②无需借助网络连接进行传播。这种病毒可以破坏世界各国的化工、发电和电力传输企业所使用的核心生产控制电脑软件,并且代替其对工厂其他电脑"发号施令"。

③极具毒性和破坏力。"震网"代码非常精密,主要有两个功能,一是使伊朗的离心机运行失控,二是掩盖发生故障的情况,"谎报军情",以"正常运转"记录回传给管理部门,造成决策的误判。

④"震网"定向明确,具有精确制导的"网络导弹"能力。它是专门针对工业控制系统编写的恶意病毒,能够利用Windows系统和西门子SIMATIC WinCC系统的多个漏洞进行攻击,不再以刺探情报为己任,而是能根据指令,定向破坏伊朗离心机等要害目标。

⑤"震网"采取了多种先进技术,具有极强的隐身性。它打击的对象是西门子公司的SIMATIC WinCC监控与数据采集(SCADA)系统。尽管这些系统都是独立于网络而自成体系运行,也即"离线"操作的,但只要操作员将被病毒感染的U盘插入该系统USB接口,这种病毒就会在神不知鬼不觉的情况下取得该系统的控制权。

⑥"震网"病毒结构非常复杂。计算机安全专家在对软件进行反编译后发现,它不可能是黑客所为,应该是一个"受国家资助的高级团队研发的结晶"。

(3)"酸狐狸"漏洞攻击武器平台

"酸狐狸"漏洞攻击武器平台(简称"酸狐狸平台")是美国国家安全局(NSA)特定入侵行动办公室(TAO)对他国开展网络间谍行动的重要阵地基础设施,并成为计算机网络入侵行动队(CNE)的主力装备。该漏洞攻击武器平台曾被用于多起臭名昭著的网络攻击事件。中国多家科研机构曾先后发现了一款名为"验证器"(Validator)木马的活动痕迹,该恶意程序据信是 NSA"酸狐狸"漏洞攻击武器平台默认使用的标配后门恶意程序。这种情况突出表明,上述单位曾经遭受过美国 NSA "酸狐狸"漏洞攻击武器平台的网络攻击。

1)内涵

"酸狐狸"漏洞攻击武器平台(FoxAcid)是特定入侵行动办公室(TAO)打造的一款中间人劫持漏洞攻击平台,能够在具备会话劫持等中间人攻击能力的前提下,精准识别被攻击目标的版本信息,自动化开展远程漏洞攻击渗透,向目标主机植入木马、后门。特定入侵行动办公室(TAO)主要使用该武器平台对受害单位办公内网实施中间人攻击,突破控制其办公网主机。该武器平台主要被特定入侵行动办公室(TAO)用于突破控制位于受害单位办公内网的主机系统,并向其植入各类木马、后门等以实现持久化控制。酸狐狸平台采用分布式架构,由多台服务器组成,按照任务类型进行分类,包括:垃圾钓鱼邮件、中间人攻击、后渗透维持等。其中特定入侵行动办公室还针对中国和俄罗斯目标设置了专用的酸狐狸平台服务器。

2)功能

酸狐狸平台一般结合"QUANTUM(量子)"和"SECONDDATE(二次约会)"等中间人攻击武器使用,对攻击目标实施网络流量劫持并插入恶意跨站脚本(XSS),根据任务类型和实际需求,XSS 脚本的漏洞利用代码可能来自一个或多个酸狐狸平台服务器。该漏洞攻击武器平台集成了各种主流浏览器的零日(0 day)漏洞,可智能化配置漏洞载荷针对 IE、火狐、苹果 Safari、安卓 Webkit 等多平台上的主流浏览器开展远程漏洞溢出攻击。攻击过程中该平台结合各类信息泄露漏洞对目标系统实施环境探测,并依据探测结果对漏洞载荷进行匹配筛选,选择合适的漏洞开展攻击。如果目标价值很高,且目标系统版本较新、补丁较全,该平台会选择利用高价值零日漏洞实施攻击;相反,如果目标价值较低且系统版本老旧,该平台会选择较低价值的漏洞甚至已公开漏洞实施攻击。一旦漏洞被触发并符合入侵条件,就会向目标植入间谍软件,获取目标系统的控制权,从而实现对目标的长期监视、控制和窃密。

3)技术架构

酸狐狸平台服务器采用微软公司的 Windows 2003 Server 和 IIS 作为基础操作系统和 Web 应用服务器。通常部署于具有独立 IP 地址的专用服务器上,对目标系统进行攻击筛选以及漏洞载荷分发,完成对目标的攻击过程,其攻击范围包括 Windows、Linux、Solaris、Macintosh 各类桌面系统及 Windows phone、苹果、安卓等移动终端。

酸狐狸平台服务器之间采用美国国家安全局(NSA)的呼叫详单记录(CDR)加密数据传输规则,并采用分布式架构,底层服务器将截获的数据加密后向顶层汇聚,顶层服务器解密后按照一定的文件结构存放,以便采用 Foxsearch 等情报检索工具进行检索。完整的酸狐狸平台服务器由三部分组成,即:基础服务软件(基于 Perl 脚本开发)、插件和恶意程序载荷(Payload)。

4)攻击过程

酸狐狸平台主要以中间人的攻击方式投递漏洞载荷。该武器平台根据目标设备信息进行自动化的无感植入,具体步骤如下:

①目标网络会话被重定向劫持之后,该武器平台的信息搜集模块首先利用信息泄露手段获取目标设备信息;

②根据获取的信息匹配筛选符合攻击条件的漏洞载荷,并将载荷嵌入到请求响应页面中实现自动化投递;

③判断漏洞攻击的结果是否成功,并根据返回信息向目标系统上传指定类型的持久化载荷。

为实施上述攻击过程,酸狐狸平台提供了自定义逻辑接口,特定入侵行动办公室的计算机网络入侵行动队成员可以在服务器上配置一系列过滤器规则,对来自受害者的网络请求进行处理,具体包括:

①复写器(Modrewrite),替换请求中的指定资源。

②前置过滤器(PreFilter),根据受害者请求特征判断是否是攻击对象,如果不是则反馈HTTP状态码404或200(并指向特定资源);如果受害者属于攻击对象范围,则传递给漏洞利用模块,并由漏洞利用模块自动选择相应漏洞进行攻击。

③后置过滤器(PostFilter),漏洞攻击成功后,根据侦查到的目标主机信息(包括软硬件环境信息、进程信息等)判断是否符合下一步进行植入操作的条件,对于符合植入条件的目标,可指定向目标植入的恶意程序载荷(Payload)。

(4)"蜂巢"平台

1)内涵

"蜂巢"平台是美国中央情报局(CIA)专用的"蜂巢"恶意代码攻击控制武器平台,是美国通过网络对全球进行监控窃密的又一主战装备。从技术细节分析,现有国际互联网的骨干网设备和世界各地的重要信息基础设施中,只要包含美国互联网公司提供的硬件、操作系统和应用软件,就极有可能成为美国情报机构的攻击窃密目标,全球互联网上的全部活动、存储的全部数据或都"如实"展现在美国情报机构面前。

2)特点

"蜂巢"平台由CIA下属部门和美国著名军工企业诺斯罗普·格鲁曼(NOC)旗下公司联合研发,系CIA专用的网络攻击武器装备,该装备具有五大特点。

1)"蜂巢"平台智能化程度高

该武器是典型的美国军工产品,模块化、标准化程度高,扩展性好。可根据目标网络的硬件、软件配置和存在后门、漏洞情况自主确定攻击方式并发起网络攻击,可依托人工智能技术自动提高权限、自动窃密、自动隐藏痕迹、自动回传数据,实现对攻击目标的全自动控制。其强大的系统功能、先进的设计理念和超前的作战思想充分体现了CIA在网络攻击领域的能力。其攻击活动涵盖远程扫描、漏洞利用、隐蔽植入、嗅探窃密、文件提取、内网渗透、系统破坏等网络攻击活动的全链条,具备统一指挥操控能力,已基本实现人工智能化。这同时也可以证明,CIA对他国发动网络黑客攻击的武器系统已经实现体系化、规模化、无痕化和人工智能化。

2) "蜂巢"平台隐蔽性强

该平台采用 C/S 架构,主要由主控端、远程控制平台、生成器、受控端程序等四部分组成。CIA 攻击人员利用生成器生成定制化的受控端恶意代码程序,服务器端恶意代码程序被植入目标系统并正常运行后,会处于静默潜伏状态,实时监听受控信息系统网络通信流量中具有触发器特征的数据包,等待被"唤醒"。CIA 攻击人员可以使用客户端向服务器端发送"暗语",以"唤醒"潜伏的恶意代码程序并执行相关指令,之后 CIA 攻击人员利用名为"割喉"的控制台程序对客户端进行操控。为躲避入侵检测,发送"暗语"唤醒受控端恶意代码程序后,会根据目标环境情况临时建立加密通信信道,以迷惑网络监测人员、规避技术监测手段。

此外,为进一步提高网络间谍行动的隐蔽性,CIA 在全球范围内精心部署了"蜂巢"平台相关网络基础设施。从已经监测到的数据分析,CIA 在主控端和被控端之间设置了多层动态跳板服务器和 VPN 通道,这些服务器广泛分布于加拿大、法国、德国、马来西亚和土耳其等国,有效隐藏自身行踪,受害者即使发现遭受"蜂巢"平台的网络攻击,也极难进行技术分析和追踪溯源。

3) "蜂巢"平台攻击涉及面广

CIA 为了满足针对多平台目标的攻击需求,针对不同 CPU 架构和操作系统分别开发了功能相近的"蜂巢"平台适配版本。根据目前掌握的情况,"蜂巢"平台可支持现有主流的 CPU 架构,覆盖 Windows、Unix、Linux、Solaris 等通用操作系统,以及网络设备专用操作系统等。

4) "蜂巢"平台设定有重点攻击对象

从攻击目标类型上看,CIA 特别关注 MikroTik 系列网络设备。MikroTik 公司的路由器等网络设备在全球范围内具有较高流行度,特别是其自研的 RouterOS 操作系统,被很多第三方路由器厂商所采用,因此 CIA 对这种操作系统的攻击能力带来的潜在风险难以估量。CIA 特别开发了一个名为 Chimay - Red 的 MikroTik 路由器漏洞利用工具,并编制了详细的使用说明。该漏洞利用工具利用存在于 MikroTik RouterOS 6.38.4 及以下版本操作系统中的栈冲突远程代码执行漏洞,实现对目标系统的远程控制。

5) "蜂巢"平台突防能力强,应引起全球互联网用户警惕

"蜂巢"平台属于"轻量化"网络武器,其战术目的是在目标网络中建立隐蔽立足点,秘密定向投放恶意代码程序,利用该平台对多种恶意代码程序进行集中控制,为后续持续投送"重型"网络攻击武器创造条件。"蜂巢"平台作为 CIA 攻击武器中的"先锋官"和"突击队",承担了突破目标防线的重要职能,其广泛的适应性和强大的突防能力向全球互联网用户发出了重大警告。

思 考 题

1. 简述定向能武器的基本概念。
2. 简述动能武器的基本概念。
3. 简述激光武器的关键技术。

4. 简述粒子束武器的杀伤机理。
5. 简述高功率微波武器的关键技术。
6. 简述电磁轨道炮的基本工作机理。
7. 简述电磁轨道炮的关键技术。
8. 简述网络武器的基本概念。
9. 简述网络武器的功能。
10. 简述网络武器的主要特点。

第 5 章 防空反导一体化关键技术及发展趋势

本章主要介绍一体化防空反导的基本内涵、分类、作战要素、装备体系等基本概念,以及其关键技术、发展趋势。

5.1 概 述

防空反导的目的是向己方提供行动自由和保护,同时阻止敌方获得行动自由。防空反导是制空作战与防空反导一体化的结合。防空反导系统主要用于遂行空天防御作战任务,对保卫国家安全具有重大战略意义。防空导弹系统是现代战争中防空反导的核心装备,其发展对防空反导的发展产生重要影响。

5.1.1 防空反导与反导系统

近代防空是指第二次世界大战后至 20 世纪 50 年代中期的防空,主要包括国土防空、要地防空和区域防空。随着信息化条件下高技术战争的发展,近代防空逐渐发展成为大区域一体化防空。

大区域一体化防空实质上是突出信息作战与攻势作战的信息化联合防空。理论与实践证明,大区域一体化防空是对抗信息化空袭的有效模式。

(1)基本概念

从概念上讲,反导就是使用反导弹武器拦截来袭导弹或使其失效的作战行动。其主要包括战略反导、战区反导和战术反导,陆基、海基、空基和天基反导,以及动能反导,定向能反导,激光反导等。进一步讲,反导就是反导作战,是高技术条件下导弹战的一种作战样式。通常,反导有广义和狭义两种解释。广义上讲,凡属防御和对抗敌方各种导弹的作战,均属反导范畴,包括反弹道导弹、反巡航导弹、反空地导弹、反辐射导弹作战等;狭义上讲,反导作战特指反弹道导弹作战。

反导作战系统简称反导系统,与现代防空体系的构成大同小异,在纵向上具有三个层次,即战略反导系统、战役反导系统和战术反导系统。按其发展历程、反导机理和技术体制,通常可分为四大类型,即防空拓展型、分层拦截型、天基拦截型和防空兼容型。防空反导按作战物理空间(区域)划分,概念上可分为远程、中远层、中层和近层/末段四层防空反导。

反导系统是国家应对导弹袭击和核武器打击威胁时的一层重要保障体系,根据弹道导弹被拦截时所处位置的不同,其被分为初段反导、中段反导和末段反导三种类型。反导系统在预警防御领域具有关键战略意义,能为国防安全构建起一道铜墙铁壁。反导系统是由雷达、导弹、卫星甚至激光武器、电磁武器等众多武器装备组成的系统,并且需要各部分之间的精密配合和准确计算才能达到预期效果,是一个由高新科技复合、众多技术集成的复杂工程。

目前,反导作战及其系统已具有相当高的技术水平,进入了实战阶段。最具典型的有美国的"宙斯盾"作战系统、"爱国者"PAC-3系统和俄罗斯的C-400地空导弹系统、"安泰"-2500系统等。

从机理上讲,防空拓展型导弹防御系统是防空导弹武器系统功能的拓展,使其具有拦截弹道导弹的能力。美国早期的"奈基-宙斯"就是防空拓展型的典型代表。这类导弹防御系统只能对付单个或少量的来袭弹头,而对于大规模来袭的核弹头则无能为力。

分层拦截型导弹防御系统由多功能远程搜索雷达、场地雷达、大容量高速计算机系统和高、低空拦截导弹组成。美国"民兵"反导系统是分层拦截型导弹防御系统的实例。这类反导系统虽然在反导效果上较前述防空拓展型有所提高,但仍然难以对付大规模暴风骤雨般的核袭击。

天基拦截型导弹防御系统主要由同步预警卫星、天基综合信息系统、天基激光粒子束和动能拦截武器等部分构成。其中,天基反导系统主要由"智能卵石""智能眼"和天基激光拦截系统等部分组成:"智能卵石"是一种灵巧型天基拦截弹,通常一枚火箭可携带百余枚"智能卵石"进入预定轨道,在运行中能够自主地探测、识别、跟踪和直接碰撞杀伤目标;"智能眼"是一种低轨道长波、中波、短波红外探测器和激光雷达,可精确测定目标距离,并识别真假目标和辅助评估拦截效果等;天基激光拦截系统是部署在太空或航天飞机或地面上的"激光炮"。整个天基反导系统是新一代反导系统的主战武器。

(2)防空反导系统的组成及功能

通常,防空反导作战系统由预警探测分系统、指挥控制分系统、拦截打击分系统和作战保障分系统等四大部分构成。防空反导作战体系结构如图5-1所示。

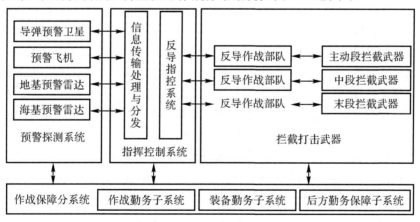

图5-1 防空反导作战系统构成示意图

1)预警探测分系统

预警探测分系统是反导系统的信息源头,主要由天基预警探测子系统、空基预警探测子系统和陆(海)基预警探测子系统等组成。其中,天基预警探测子系统包括侦察卫星、高/低轨道预警卫星、临近空间预警控制设备等;空基预警探测子系统包括预警机、侦察机和无人机等;地(海)预警探测子系统主要包括预警雷达、跟踪测量雷达和探测雷达等。预警探测分系统的基本功能任务是及时发现、跟踪、监视来袭的弹道目标,准确测定其位置坐标、运动参数和飞行弹道,处理所掌握的目标情报,并通过信息网络将其空情信息实时地传输给指挥控制系统和拦截打击系统。

2)指挥控制分系统

指挥控制分系统是反导作战系统的中枢和核心,也是反导作战系统的兵力和战斗力的"倍增器",主要由指挥控制中心、通信子系统和信息网络子系统构成。其功能是将反导作战系统各部分无缝链接在一起,起到计划、协调、指挥和控制反导作战的重要作用。

3)拦截打击分系统

拦截打击分系统是反导作战的交战系统,也是最终的执行环节,主要包括陆(海)基拦截武器、空(临)基拦截武器和天基拦截武器等。其基本功能是实施反导作战中的多层拦截,即空天基拦截武器主要用于助推段、中段拦截,陆(海)基拦截武器主要用于中段和再入段拦截。它们共同构成对弹道导弹的多层有效防御,以提供多次拦截机会,增大杀伤概率,将来袭的各种类型弹道导弹摧毁于空中。这里,陆(海)基拦截武器主要包括反导导弹武器系统、反导激光武器系统和反导电磁轨道炮等;空(临)基拦截打击武器主要包括空(临)基反导导弹和机载激光系统等;天基拦截打击武器包括天基定向能武器(激光武器、高功率微波武器和粒子束武器等)和天基动能拦截弹、"智能卵石"等。

为了提高反导系统对弹道导弹的拦截成功率,目前实施分段多层拦截是最有效的技术途径和方式方法。

①助推段拦截。弹道导弹从发射到最后一级助推火箭发动机关机并脱落的飞行阶段为助推段。理论分析和实践表明,该阶段应是反导拦截的最佳时机。这是因为在此阶段,弹道导弹尚未完成弹箭分离,飞行速度慢,目标体积大,红外特征明显,易于探测和跟踪。其拦截过程是:当导弹预警探测系统探测到敌方导弹发射时,可立即对其进行测量和跟踪,将其粗略的弹道参数通过指挥控制中心传输到各反导武器系统。机载激光武器利用自身的精确跟踪瞄准系统对于助推段的弹道导弹进行精确测量和稳定跟踪,并将激光光束的光斑锁定在弹体的薄弱部位(如燃料舱、制导系统等),通过高能激光的能量积累效应可摧毁弹道导弹。陆基和海基反导系统则根据导弹预警探测系统提供的目标弹道参数,迅速计算出弹目遭遇点并发射反导导弹,在目标导弹完成弹箭分离前将其摧毁。

②中段拦截。弹道导弹从弹箭分离至弹和假目标再入大气层以前沿预定弹道作无动力飞行的阶段为中段。在此段弹道导弹的飞行时间最长,有利于对其实施连续拦截。同时,太空的高真空和微重力环境也将有利于激光武器、电磁炮、动能拦截器拦截穿行其间的弹头。其拦截过程一般为以天基探测器网和地面预警雷达网对弹道导弹母舱释放的所有目标进行探测、识别并持续跟踪混迹于假目标群中的真弹头,而后迅速向指挥控制中心提供弹头的精

确轨道参数。指挥控制中心则根据敌方来袭导弹数量和弹道参数等信息,进行火力分配并控制反导武器系统拦截掉来袭弹头。

③再入段拦截。弹道导弹从弹头再入大气层到命中目标的飞行阶段为再入段。在此阶段,各种轻、重诱饵进入大气层时被烧毁,真弹头暴露无遗,但此阶段只有 1 min 左右的短暂飞行时间,对拦截行动的反应速度要求极高,通常对每一枚来袭弹头也只有一次拦截机会。其拦截过程大致是:使用陆基波段雷达在中段早期识别目标的基础上,迅速锁定真弹头,并引导陆基或海基反导导弹在弹头击中目标之前的相对安全高度上,以战斗部破片杀伤方式将其摧毁。

上述三个阶段拦截行动是环环相扣的,构成了层层拦截态势。因此,为了提高反导作战的拦截效能,必须建立一个多层次的反导防御系统,对敌方弹道导弹实施全程拦截。这就是反导系统的整体功能作用。

4) 作战保障分系统

作战保障分系统是遂行反导作战任务所采取的各项保障性措施及行动的统称。完善、高效的作战保障是反导作战中,保持持续作战能力和反导作战系统安全稳定运行的前提和基础条件。作战保障分系统通常由三部分子系统构成,即作战勤务、装备勤务和后方勤务保障子系统。作战勤务保障子系统用以保持预警、通信、气象、伪装、防护等方面作战环节安全、稳定地运行;装备勤务保障子系统主要保障对武器装备的维修、抢修和物资供应等;后方勤务保障子系统则是给反导作战系统提供全面的物资保障、运输保障和卫勤保障支持。

(3) 防空反导类型及机理

防空、反导、防天作战具有体系构成相同、技术机理相近、作战空间重叠、装备功能兼容的特点,并且反导作战具有突发性更强、反应时间更短等鲜明特征,必须实现预警、拦截体系的无缝链接、快速反应和自适应同步,构建由实时化的侦察预警系统、一体化的指挥控制系统、系列化的拦截打击系统与高效化的综合保障系统构成的防空反导体系。

1) 主动防空反导

主动防空反导是一种直接的防御性行动,用以摧毁或破坏敌空中航空武器与各类导弹等的威胁,降低其对己方部队和资产的攻击效果。

主动防空反导包括防空和弹道导弹防御,这两部分的整合构成了一体化防空系统。一体化防空系统有助于扩大防御纵深,便于多方向拦截,增加成功的可能性。一是防空。防空是旨在摧毁进攻飞机、飞航式导弹和无人机,或削弱、降低类似攻击有效性而采取的防御性措施。它包括飞机、地(舰)对空导弹、防空炮兵、网络空间作战、电子战(包括定向能)、多种传感器以及其他可用武器/能力的使用。二是弹道导弹防御。弹道导弹防御是旨在摧毁来袭的敌方弹道导弹,或削弱或降低类似攻击的有效性而采取的防御性措施。

2) 被动防空反导

被动防空反导是指旨在最大限度降低敌方空中航空武器与各类导弹等的威胁,降低其对己方部队和资产的攻击效果而采取的主动防空反导以外的所有措施。这些措施包括探测、预警、伪装、隐蔽、欺骗、分散、加固以及使用防护性设施。

被动防空反导通过降低被敌方资产发现和锁定的可能性,由此最大限度减少敌方侦察、监视和攻击的可能性而提高生存能力。被动防空反导的措施在对付空中航空武器与各类导弹等的威胁方面是相同的,仅有一点例外:弹道导弹攻击的探测与预警通常由战区/联合作战区域以外的支援资产提供,与部署的防空反导指挥与控制系统和传感器协同。

5.1.2 防空反导系统一体化

防空系统与反导系统都是一个很复杂的军事系统,为适应现代空天防御作战,必须将防空系统与反导系统在维度和功能上进行综合集成,构成一体化防空反导系统。

防空反导一体化是指在整体统筹、联合指挥下,依托一体化的情报预警系统、指挥控制系统、武器系统、防护系统、综合保障系统,所进行的全空域、全时域、全频谱域等全维度协调一致的防空和反导作战系统。

(1) 主要特征

一体化防空反导系统具有如下特征:

① 功能维一体化,包括信息获取、处理、指挥、控制、拦截等功能的一体化。

② 组织维一体化,包括所涉及的有关军兵种战(军)区和总部相关部门等组织的一体化。

③ 指挥级别维一体化,包括国家战略级、战区战略级、分区战役战术级和战术级等指挥级别的空天防御系统的一体化。

④ 空间维一体化,包括陆、海、空、天、电、网及认知等防空反导作战空间的一体化。

⑤ 时间维一体化,指一体化防空反导系统建设中不断改进、研究、研制和完善过程的一体化,实质是一个继承与创新问题。

⑥ 使命维一体化,指对防空反导系统在战略威慑、精确打击、全维防护、联合指控和网络后勤等多种使命方面的综合集成设计、研发以及应用等。

(2) 主要任务

防空反导的主要任务是防御空气动力目标和弹道导弹目标、保卫国家空天安全,应对空天打击体系远程化、精确化、高速化、隐身化、智能化和无人化的挑战。

5.1.3 防空反导一体化作战

在一定意义上讲,防空反导一体化作战是指防空作战和反导作战的一体化有机结合。其中,是依托多维战场空间的防空反导力量(见图5-2)构成多维一体防空反导作战体系,实施防空反导防天"三位一体"进攻与防御,并凸显现代信息化战争的网电对抗、多军兵种联合及火力信息协同为基本特征的作战方式。

(1) 作战能力

一体化多维防空反导力量应具备如下主要能力:一是全域防空能力,就是对大规模来袭目标的多维立体防御和抗击。二是要地反导能力,主要指对以重点区域为核心的战略反导。三是战略防天能力,主要指对各类敌用航天器的战略防御和有效抗击,其主要手段是对敌空天信息系统及其平台的防御作战,包括欺骗、阻断、拒止、削弱和摧毁等。四是全疆慑战能力,主要指形成有力的威慑和实战能力。五是网电对抗能力,网电对抗能力是信息化多维防空反导一体化力量的重要能力标志,渗透于各维防空反导一体化作战战场空间。

(2)进攻性和防御性措施

防空反导一体化作战包含了进攻性和防御性措施,通过综合发挥联合部队力量,有效阻止敌方使用进攻性制空武器与导弹武器。

在战区层级,防空反导一体化作战由在进攻性制空作战支援下的防御性制空作战构成。在战区层级以外,防空反导一体化作战强调制空作战与全球导弹防御、国土防御以及全球打击的一体化。防空反导一体化作战还包括战术级别反火箭、火炮和迫击炮行动。

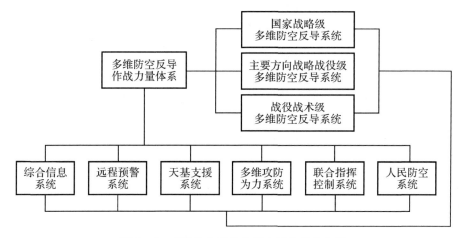

图 5-2 多维防空反导作战力量体系结构图

1)防御性制空和进攻性制空的进攻作战

在战区内,防空反导一体化作战主要集中在防御性制空作战上;进攻性制空的进攻作战还包括在防空反导一体化区域之外夺取空中优势的任务(如攻击敌方战斗机机场)。

2)国土防御

国土防空反导除了与战区防御相同的因素之外,还具有诸多独特的方面。作为最高等级的任务,国土防御必需得到各战区作战司令部相关防空反导部队的支援。

3)全球导弹防御

防空反导一体化作战通过全球导弹防御计划制订机制,使战区作战司令部的导弹防御需求与包括国土防御在内的更广泛的全球导弹防御需求达成平衡。对于全球导弹防御来说,在各战区作战司令部之间建立协作式计划制订程序尤其重要。美国战略司令部负责主持协调该程序的运行。

4)全球打击

防空反导一体化不仅需要战区作战司令部的进攻性制空的进攻作战和防御性制空作战需求与能力,也需要全球打击行动,是两类行动的整合与协同。

5)反火箭、火炮和迫击炮

反火箭、火炮和迫击炮是一项战术任务,目的是提供探测、预警、指挥与控制,拦截飞行中的火箭、火炮和迫击炮,以及对付敌方的间接火力。地面指挥官负责反火箭、火炮和迫击炮的计划制订与实施。

5.1.4 防空反导一体化装备体系

防空反导一体化作战是各种能力和相互交叉作战行动的整合,旨在通过消除敌方使用空中航空武器与各类导弹等攻击手段所产生的威胁,保护国土和国家利益、保护联合部队以及保证其行动自由。

(1) 主要装备

防空反导一体化主要装备可分为:地空导弹武器系统、舰空导弹武器系统、反导导弹武器系统、弹炮结合武器系统和高炮武器系统、新型近程防空导弹武器系统、防空导弹超视距拦截作战武器系统、潜射防空导弹武器系统等。

(2) 主要功能

防空反导一体化装备的功能主要有:基于天地一体信息网络的战场综合感知;网络化的指挥控制;全过程多层次多手段的打击,包括三种能力:一是对敌方临近空间作战平台和支援保障平台打击的能力;二是大纵深多梯次拦截敌方隐身作战飞机、临近空间高超音速巡航导弹、空地导弹等目标的能力;三是具备天、临、空、面基多平台多方位的拦截打击能力。

(3) 主要组成

防空反导一体化装备体系组成如图 5-3 所示。

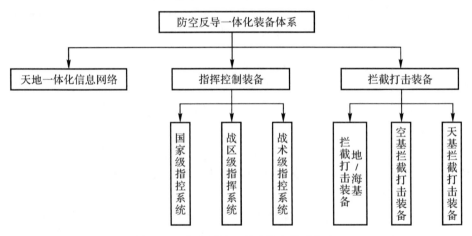

图 5-3 防空反导一体化装备体系组成

天地一体化信息网络建设需要统筹发展分步实施推动,以用促星、以星促地扩大天基信息系统的制高点优势,深化需求与理论研究加强防空反导反临作战体系研究。

信息化指挥控制系统体系结构如图 5-4 所示。

拦截打击装备是指由相互联系、功能互补的各种打击武器装备,按照一体化作战原则综合集成的有机整体。在力量集成、样式运用方面,针对具体作战任务、作战环境,以实战为要求,按"纵深防御、混编组网、火力重叠、梯次拦截"的原则,组合和优化火力拦截打击系统配置,具备对空天战场上各种目标任务全维空间、全天候、全时域的一体化精确打击能力。组成拦截打击武器装备子体系的各种武器装备按遂行打击任务时所在空间位置可分为地海基拦截打击装备、空基拦截打击装备、天基拦截打击装备。

第5章 防空反导一体化关键技术及发展趋势

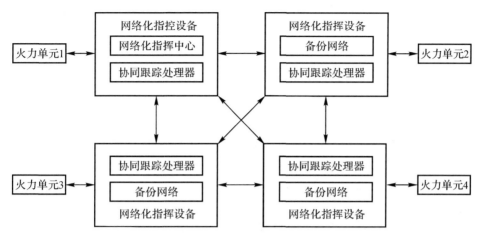

图 5-4 信息化指挥控制系统体系结构示意图

(4) 发展趋势

1) 在体系形态上,战术级混编作战成为基本形态

主要体现在:一是远-中-近、高-中-低空域协同混编集成;二是防空-反导、高层-低层反导、常规防空-远程反辐射、常规防空-中远程反隐身等不同属性火力的混编集成;三是通过横向级联,实现指挥控制容量扩展,解决不同类型、不同规模的混编集成作战问题。

2) 在集成模式上,由火力集成向要素集成转变

火力集成是指火力单元内部紧耦合,指控-火力、火力-火力松耦合交联,是体系集成的基本层次。要素集成是指情报、预警、跟踪、识别、制导、火力、指控等不同属性的作战要素紧密耦合,是体系集成的最高层次;将武器系统的概念延伸到战术级,使战术级指控成为作战回路的一部分,直接参与跟踪、制导等高实时性回路的处理和控制;在回路结构上,由火力单元闭合回路向战术级作战"大回路"发展。

3) 在指挥控制模式上,作战行动与交战控制相对分离

作战行动指挥(FO)主要以战术原则为指导,侧重于战前、战后对作战行动的筹划、推演与评估。武器交战控制(EO)主要以装备技术能力为依托,侧重于战中实时射击指挥过程中,对下属火力单位的火力通道控制。

4) 专网与通网相结合的一体化战术通信保障

依托通信基础专网加强外部通信网络保障,提升远程预警、作战指挥信息的支持保障能力;依托高速地域通信等火力控制专网,实现高精度、高速率网络制导信息的快速传输,提升适应机动作战的通信保障能力。

(5) 美军的防空反导一体化装备发展

美军的防空反导一体化领域正在进行前所未有的重大转型,正在改变其保护部队免受空中威胁的方式。为实现陆军2030年目标,为2040年目标铺平道路,陆军正在五个方向推动防空反导项目:

1) 防空反导一体化

防空反导一体化最为重要,陆军防空反导一体化指挥控制系统经批准将开始全速生产,

该系统可"插入"任何传感器、任何类型的射手或效应器,包括定向能、高功率微波、电子战系统和常规武器。

2）反无人机系统

陆军正在整合电子战、定向能、动能和网络能力,为指挥官提供多层分布式的反无人机防御能力。

3）机动进程防空

2023年9月,美国陆军向位于希尔堡的第60防空炮兵团第4营新成立的"德尔塔"连交付了机动式定向能近程防空系统(DE·M-SHORAD),使"德尔塔"连成为首个具备定向能作战能力的战术单位。

4）简介火力保护能力

"简介火力保护能力"系统是美国来多斯公司为美陆军研制的,用于保护固定和半固定设施免受火箭弹、炮弹、迫击炮弹以及巡航导弹和无人机的威胁。

5）低层防空反导传感器

与陆军老化的"爱国者"雷达相比,低层防空反导传感器扫描范围大,部署1个连就可获得360°防空反导能力;探测距离远,可最大限度地发挥拦截系统能力。

5.2 关键技术

防空反导一体化关键技术影响着武器系统功能和性能,但其本质可归结为两大方面:一是实现武器制导与控制的信息化程度;二是武器拦截目标的机动性水平高低。围绕着解决这两个方面问题的关键技术主要包括惯性敏感与探测技术、先进制导技术、导引律设计与选取技术、多传感器信息融合技术、数据链通信技术、系统建模与仿真技术、导弹发射控制技术等。

5.2.1 惯性敏感/探测技术

为了保证武器系统的精确制导与控制,必须通过惯性敏感装置与各种探测平台和手段为整个制导控制系统提供足够准确可靠的弹/目位置、速度和姿态等重要信息。这些信息的获取决定于所采用的制导方式及相应的惯性敏感和控制设备。以导弹为例,当采用遥控指令制导时,一般由雷达制导系统来确定弹/目相对位置、速度和姿态信息,通过无线电下行传输至地面（或机上、舰上）导引系统,形成制导控制指令,再上行至弹上,利用弹上自动驾驶仪控制,实现其导弹武器系统命中目标的飞行运动;若采用寻的制导,通常由导引头来确定弹/目相对位置、速度和姿态信息。导引头是导弹最主要的敏感探测部件,按照其接收或反射的物理特征能量不同,有雷达寻的、红外寻的、紫外寻的、激光寻的、微波寻的、电视寻的及其上述两种以上复合寻的。除此之外,还有利用卫星导航定位制导的。

5.2.2 各种先进制导技术

先进制导技术又称为精确制导技术,是利用目标辐射或反射的特征信号,发现、识别与跟踪目标,精确导引和控制武器命中目标的技术。在实际应用中主要是研制或选择制导方式和导引规律。制导方式是指导引和控制制导武器飞行向目标所采用的方法和形式,又称为制导体制,其研制或选择是制导控制系统分析与设计的首要任务和顶级内容。在精确制导武器系统的制导控制系统设计中,新型制导体制的研制和常用制导方式的选择主要决定于拦截距离(或射程)、制导精度、打击多目标能力、抗干扰能力、反隐身能力和目标机动性等要求和条件。

为适应现代战争对战术导弹和导弹制导系统的要求,复合制导技术和复合末制导技术结合图像制导技术、光纤制导技术、最优控制、自适应控制、模拟或数字控制技术、现代制导规律、大规模集成技术等诸多高新技术,使精确制导武器在常规局部战争中形成了精确打击能力。其射程远、命中概率和命中精度高、抗干扰能力强,具有自主制导能力、全天候作战能力。

1)双模/多模复合制导

每种制导体制都有自己独特的优点和缺点。如:自主制导作用距离远,但不宜攻击活动目标,制导设备全在弹上,要求制导设备精密;遥控制导作用距离较远,但抗干扰能力较低;无线电寻的制导命中精度高,但作用距离较近,弹上制导设备复杂。把多种制导体制组合运用,形成多制导体制组合的复合制导技术,以及多种导引头组合运用的复合末制导技术,克服了单一制导体制的缺点,成为战术导弹的特征。

复合制导是一种集不同单一制导体制之长,而避其所短的制导体制。是指导弹在飞向目标的过程中,采用两种或多种制导方式,相互衔接,协调配合,共同完成制导任务的一种新型制导方式。它通常把导弹整个飞行过程分为初制导+中制导+末制导三个阶段。

随着目标飞行高度向高空和低空发展,机动性和干扰能力不断提高,以及导弹作战空域日趋加大,复合制导已成为中远射程导弹主要和必需的制导方式,其技术发展很快,应用越来越广泛。但是鉴于复合制导很复杂,从简化制导控制系统、提高系统可靠性和减轻质量的角度讲,应尽量避免采用多种制导系统组成的复合制导。在一定要采用这种制导方式的情况下,必须进行充分论证。

复合制导系统通常采用自主式+寻的制导、指令制导+寻的制导、波束制导+寻的制导、捷联惯性制导+寻的制导、自主式制导+TVM制导等各种复合制导体制。例如,美国"爱国者"导弹的复合制导系统采用了自主式+指令+TVM复合制导体制。

对于复合制导,获取导弹位置信息是十分重要的。如在复合制导系统的地面跟踪雷达主要用于:形成中制导指令;形成中-末制导交班指令;控制指令波束(或天线)指向导弹,发送控制指令或修正指令。

可靠截获导弹是对制导系统的基本要求,它将依靠合理设计导弹截获方案来保证。导弹截获要求包括截获空域的确定、多发截获空域的确定、同时截获导弹数、截获时间的确定等。

目标交接班是复合制导的特殊问题。为了做到不丢失目标、信息连续、控制平稳、弹道平滑过渡以及丢失目标后的再截获,必须从设计上解决目标的交接班问题,尤其是保证中制导段到末制导段的可靠转接,使末制导导引头在进入末制导段时能有效地截获目标(包括对目标的距离截获、速度截获和角度截获)。

理论分析和实践表明,在复合制导中,保证中、末制导段的顺利交接班是最为重要的。为此,必须满足如下基本条件:目标应处在导引头作用距离和天线波束宽度范围之内;导弹与目标之间相对速度的多普勒频率,必须在导引头接收机等待波门的频率搜索范围内。

2) 双模/多模复合末制导

为了互相弥补单一末制导体制的缺点,采用复合末制导技术,将两种或两种以上制导体制的导引头配置在同一枚导弹上,形成多导引头复合末制导,或做成一个导引头,构成多模复合导引头,进行多模复合末制导。

常见的复合形式有被动射频-红外复合末制导、被动红外-激光半主动复合末制导、微波雷达-电视复合末制导、红外-毫米波雷达复合末制导、玫瑰线扫瞄双色红外/紫外复合末制导、多元红外/紫外的双色末制导等。

目前在武器上应用的或正在发展的多模复合导引头,主要是采用双模复合形式,其中有紫外/红外、可见光/红外、激光/红外、被动射频/红外、毫米波/红外、毫米波/红外成像等。

3) 双模(双色)光学复合导引头

为了克服老式红外导引头易受红外诱饵和背景的干扰、易丢失目标的缺点,目前许多近程或超近程防空导弹都采用双模(双色)光学导引头,如美国的"POST 尾刺"、法国的"西北风"、俄罗斯的"SA-13"等。

"尾刺"导弹采用紫外/红外双模导引头和玫瑰花瓣扫描技术。紫外元件是 CDS 探测器,工作波长为 $0.3 \sim 0.55$ m,主要用于探测白天飞机头部铝合金蒙皮反射阳光中的紫外线,它的光谱辐射亮度比晴空背景高出 $1 \sim 4$ 个数量级,这样不仅容易将目标从天空背景中分辨出来,而且能增加作用距离和提高全向攻击能力。另一个探测元件采用 InSb 红外探测器,工作在 $3 \sim 5$ μm 波段,用来探测和跟踪目标的红外辐射。两种探测器采用夹层叠置方式黏合为一,所获得的信号将分别送入两台微处理机,通过比较两种目标信号就可以分析出干扰源和真实目标。

4) 微波/红外双模导引头

微波雷达导引头的突出优点是作用距离远,具有全天候作战能力;缺点是抗干扰能力弱,分辨率较低,制导精度不高。为了弥补其缺点,它与光学导引头复合是较好的形式。

微波/红外双模导引头比较典型的有舰载近程反导导弹"拉姆"(RAM)、近程防空导弹"小槲树"AIM-72G 等。

5) 毫米波/红外双模导引头

毫米波/红外双模导引头是当前发展较快的复合方式,它具有全天候、作战能力较强、制导精度较高、抗电子干扰能力较强的特点。比较典型的代表有美国的"萨达姆"遥感反装甲炮弹等。"萨达姆"反装甲炮弹用 203 mm 火炮发射,每枚母弹携带 3 枚子弹,每枚子弹上装有毫米波/红外双模导引头。毫米波天线位于子弹的前沿,工作频率为 35 GHz 或 94 GHz。伪成像红外传感器装在子弹腹部的一侧,它工作在 $3 \sim 5$ μm 或 $8 \sim 14$ μm 波段。子弹捕获目标的范围为半径 75 m 的区域,攻击目标的顶装甲。毫米波雷达用来探测和识别目标,当子弹达到一定高度后及红外传感器探测到目标时,子弹爆炸发射出小型金属弹丸准确地击中目标。小型弹丸的速度约为 2 800 m/s,其动能足以穿透目标的装甲。

6) 三模复合导引头

在背景复杂条件下采用多模(如三模式复合导引头)有可能取得更好的效果。例如雷达/双色红外、毫米波双色红外,在双色红外波段一般采用 $3\sim5~\mu m$ 和 $8\sim14~\mu m$ 这两个波段。

5.2.3 导引律设计与选取技术

以导弹武器系统为例,对于导弹武器系统的精确控制有两种理念:一是通过包括自动驾驶在内的稳定控制系统实施弹体运动控制。这时,该系统接受来自导引头的目标运动信息,将其与弹体运动信息相综合,形成导引误差,并按预先的导引律形成控制指令,操纵导弹气动舵面和发动机推力,使之不断改变导弹飞行状态,达到跟踪直至命中目标的目的。二是理论与实践证明,传统的气动舵面不可能从根本上改善导弹的高机动性,且无论如何难以实现动能杀伤技术的弹目直接碰撞。为此,在导弹上采用了气动舵面与反作用力装置复合控制技术。目前,实现这种技术的方法有两种途径:一是利用空气动力与相对质心一定距离火箭发动机系统相结合,以实现"力矩"控制;二是利用空气动力与接近导弹质心安置的脉冲发动机系统相结合,以实现"横向"控制。

导引规律是影响导弹综合性能最重要、最直接的因素之一,它不仅影响导弹制导控制系统的制导精度,同时还决定着不同制导体制的采用。

导引规律简称导引律,是通过运用合理的导引方法来确定导弹质心运动轨迹应该遵循的准则,也就是制导导弹飞行并命中目标的运动学规律。它的任务是解决导弹接近目标过程中弹-目运动关系。不同的导引方法会产生不同的导引律,从而引导导弹按不同的弹道接近目标。显然,导引方法和导引律的优劣将直接影响导弹的命中精度及作战效能。

导弹的导引方法很多,但可归结为古典导引方法和现代导引方法两大类。基于导弹质心运动的导引方法称为古典导引方法,如三点法、寻的法、追踪法、平行接近法和比例引导法等;以现代最优控制理论为基础推导出的导引方法称为现代导引方法,如改进的各种比例引导法、微分对策导引法、变结构比例导引法及线性二次型高斯(LQG)最优导引法等。

(1)古典导引方法与导引律

古典导引方法及其导引律可归纳为速度导引和位置导引两大类。前者包括三点法(导引律)和前置点法(导引律);后者包括追逐法、平行接近法、比例接近法及其相应导引律。所有古典导引律都是在特定条件下,按导弹快速接近目标的原则推导出来的。以速度导引方法中的比例接近法为例,比例导引的实质是抑制目标视线的旋转,使导弹在制导飞行过程中,速度矢量的转动角速度与目标视线转动率保持给定的比例关系。

(2)现代导引方法与导引律

由于现代导弹的发展给导引律提出了更高要求,而最常用的纯比例导引在对付高机动目标时已显得无能为力,故现代制导方法与导引律在近年来受到了普遍重视。

现代导引律有线性二次型最优导引律、自适应导引律、微分对策导引律等。这些导引律的性能泛函一般为最小脱靶量、最小控制能量或最短时间等。它们是以最优控制理论为基础推导出来的,基于 LQG 理论的最优导引律就是例证。

目前,新研制的 LQG 最优导引律已进入实用阶段。LQG 最优导引律在攻击大机动目标时,其控制精度要比改进型比例导引(PN)的导引律控制精度高得多,对于所有拦截时间的脱靶量都较小。同时,LQG 最优导引律对指令加速度过载要求也比 PN 导引律的过载要求小得多。

5.2.4 多传感器信息融合技术

数据融合也称为多传感器或多源相关、多源合成信息融合等,是信息的综合与处理过程,即是为了完成所需的决策和估计任务,对在不同的时间序列上获得的各种传感器信息按一定的准则加以综合分析。当前人们所普遍接受的定义为:对来自多源的信息和数据进行检测、关联、相关、估计和综合等多级多方面的处理,以得到关于目标的精确状态、身份估计和快速、完整、实时的态势及威胁估计。因此,数据融合包括对各种传感器给出的有用的信息进行采集、传输、分析和合成等处理过程。数据融合的基本目的是通过组合获得比单个输入数据源更准确的信息,这是传感器之间最佳协调的结果,即通过多传感器之间的协调和性能互补的优势,来提高整个系统的有效性。

目前,信息融合技术的理论体系不断完善,形成了自己的研究领域及研究方法。它的主要研究内容包括信息融合的功能模型、体系结构、信息融合系统工程、融合的算法及其应用、系统辅助支持功能的设计、系统需求分析及性能评估方法等。信息融合算法可分为概率统计类、不确定性数学类、模糊数学类、基于智能理论类、基于随机集与关系代数类。检验级和位置级属于较低级别的融合,数据多为同类传感器数据,如雷达组网。属性级融合属于较高级别的融合,融合在决策层、特征层或数学层上进行。态势评估级及威胁估计级的融合属于高级别的融合,参与融合的信息包含有作为前几层融合结果的目标状态、分类信息以及各类数据库情报。

(1)多元信息融合技术

利用反映目标多重特性的多传感器资源对目标进行识别,扩展了识别系统的时间、空间覆盖范围,消除或降低了非目标物体的欺骗和干扰,识别结果的可靠性也较高。

多光谱合成是指将从多光谱探测器获得的多光谱图像的信息特征组合到一起,利用它们在时间、空间上的相关性及信息上的互补性,得到对景物更为全面清晰的描述。可见光图像和红外图像之间具有互补性:可见光具有丰富的细节和敏锐的色感,但在恶劣的气候下对大气的穿透成像能力较差,在夜间的成像能力尤其差;而红外线正好相反,它在云雾等气象条件下穿透能力相当强,在夜间由于不同景物之间存在着温度差,因此所形成的图像仍能显示景物的轮廓,但其成像的分辨率则较低;雷达是迄今为止最为有效的远程电子探测设备,合成孔径雷达(SAR)具有更强的穿透性和全天候成像的能力。对诸如此类的多元信息进行适当的特征匹配和融合,可消除因恶劣天气、人为干扰及摄像机高速运动等原因引起的图像模糊,从而获得高清晰度的复杂地形及目标图像,增强对目标的探测识别和精确定位能力。

多元信息融合技术在军事和民用领域具有极高的应用价值。在历次战争中,多元信息融合技术都显示出了巨大的威力,它与红外制导、全球定位系统(GPS)等技术密切配合,为目标准确定位和实施空中精确打击提供了可靠的技术保障。

最新一代的红外成像制导技术中的一个重要发展方向是双色传感器技术,其实质上是融合利用两个波段(如红外波段和紫外波段、中红外波段和远红外波段等)在不同场合下各自探测成像的信息优势,来准确地识别和跟踪真目标。美国目前已能将多光谱航空图片及巨星照片进行实时化的融合处理,并将其硬件化,与 GPS 协同后具有极高的目标识别和定位能力(分辨率可达 1 m 以内,差分 GPS 可达厘米级定位精度),并使导弹命中率大大提高。

(2)分布式信息融合

为了截获、照射、跟踪目标,同时防止反辐射武器的攻击,地面防空搜索、照射、跟踪雷达和火力系统可以采取分布式的多传感器组合。选用多频段的雷达与红外或激光型的传感器组成分布式雷达/红外多传感器信息融合处理系统,同时利用空中目标的雷达信号和红外信号分别对来袭的空中威胁进行判别,对目标进行识别、跟踪,并将所取得的目标雷达/红外信号经过融合处理后,输入信息处理中心,确定对抗的策略。例如,确定地面雷达系统或红外系统是否实行关机、静默或频率捷变;对来袭目标实行诱骗还是攻击,包括采用的攻击武器的类型;对自身系统是否实行干扰掩护等。

1)双基地(多基地)技术

双(多)基地雷达主要是相对于比较常见的单基地雷达而言的,它是从雷达收发站配置的角度来命名的。单基地雷达一般是收发同址,即接收站和发射站位于同一个地方,而双(多)基地雷达则是收发异址,具有双(多)个发射站和双(多)个接收站,以离散的形式配置。

2)网格、栅格技术

网格是构筑在 Internet 上的一种新型技术,它将高速互联网、高性能计算机、大型数据库、传感器、远程设备等融为一体,提供更多的资源功能和交互,实现计算资源、存储资源、资料资源、信息资源、知识资源、专家资源的全面共享。它可以将地理上分布的计算资源充分利用起来,协同解决复杂的问题。这些地理上分布的资源形成了资源网格,利用资源网格上的资源进行的分布式计算被称作网格计算。网格的开发目的是连接所有的网络资源,实现资源共享,异地协同工作,支持开放标准,功能动态变化,其最终目标是构建一台虚拟超级计算机,能实现服务点播和一步到位服务。

信息网格是网格研究的一个方面,在 20 世纪 90 年代末,美国军方出台了一个重大举措,即加速开发全球信息网格(GIG),就是将信息网格技术应用于军事的一个例子,其目的是把"适当的信息,在适当的时间,以适当的格式,传送给适当的指战员",试图通过全面提高战场态势感知能力来提高战斗效能。

作战综合信息栅格包含传感器栅格、导弹攻防作战栅格和信息栅格三个交织在一起的组成部分。传感器栅格可以被视为安装在信息栅格上的传感器(包括各种导弹武器系统和飞行中导弹本身的探测传感器)的集合;导弹攻防作战栅格可以被视为安装在信息栅格上的导弹武器的集合;信息栅格是一个分布式综合信息网络环境,它提供通信、综合信息处理、数据融合处理、信息存储和所需的增值服务,以便及时发现信息、处理信息、交换和分发信息。

在这样的导弹攻防作战综合信息栅格的支持下,导弹武器作战的全过程,从远程精确打击、突防和拦截方案的制定、导弹发射,到全程制导、寻的和躲避、攻击或拦截,以及打击效果评估等,都依靠覆盖全维战场、以时空坐标形式的综合动态作战信息栅格的有效支撑和保障。这样的时空坐标形式的综合动态作战信息栅格是由陆、海、空、天的侦察和监视网络获取的全维信息(包括导弹武器系统和飞行中的导弹自身获取的信息),并通过一体化的综合信息处理和多源信息融合处理而生成的;它包含了与导弹武器攻防作战有关的所有准确和真实的动态信息,既包含各种固定和移动目标的变化或动态信息、战场和目标周围的自然及干扰环境的动态信息,也包含攻击或拦截导弹航迹和动态飞行信息;导弹武器系统及其飞行中的导弹在利用自身获取信息的同时,主要通过随时接收综合动态作战信息栅格分发的有关目标、战场环境和导弹自身的动态综合信息,并结合智能导弹功能,来实现导弹武器自主、自适应、高效的指挥、控制、导引、攻击或拦截,并进行打击效果评估,由此实现多批次的全天候、远程、高效精确打击和有效防御。

(3)时空信息融合

目标识别的目的是对待观测实体进行定位、表征和识别,要实现此目的关键是能够提取稳健的能分离的目标特征。根据多传感器的观测结果可形成一个 N 维的观测矢量,其中每一维代表目标的一个独立特征。如果已知被观测的目标有 m 个类型及每类目标的特征,则可以将实测特征矢量与已知类型的特征进行比较,从而确定目标的类别。而目标的特征既有空间上的,也可能有时间上的,在实际应用中,为获得目标的准确状态,也往往需要同时考虑数据融合的时间性和空间性。

同一时间上属于不同空间的传感器的数据融合,称为纯空间融合。这种纯空间的融合可以分为 5 级,即检测级融合、位置级融合、属性级融合、态势评估和威胁估计。纯空间的信息融合没有考虑目标在时间域上的特征,因此对目标特征的描述是不全面的。要得到对目标更全面识别和更全面决策的信息,要从时空融合的角度出发,不仅要融合传感器属性空间的信息,还要考察时间域的信息,从而减少信息损失,提高识别率和数据融合系统的实时性。

5.2.5 数据链通信技术

数据链是一种按照统一的数据格式和通信协议,以无线信道为主对信息进行实时、准确、自动、保密传输的数据通信系统或信息传输系统。数据链技术是在数字通信技术的基础上,利用各种先进调制解调、纠错编码、通信组网及网络管理、信息融合、远距离激光通信、实时图像传输和自动目标识别等技术发展而成的。这里,数据网络管理技术、数据安全技术是关键技术。

信息网络的一个重要特点是武器之间实现组网。作为链接各种作战平台、实现信息资源共享、最大程度地发挥武器作战效能的数据链技术,在地空导弹网络化作战中发挥着越来越重要的作用。对于地空导弹网络化作战系统这样的复杂作战系统,在目标信息的收集、融合、分发、使用的整个过程中将会涉及到大量的数据处理,同时,系统作战特点对数据处理的过程及结果提出了很高的要求。而数据链的基本特点就是"无缝链接"和"实时传输","无缝链接"是从空间的角度对数据链进行描述,强调数据链的各个"触角"伸向数字化战场的每个作战平台,它们共享战场信息资源,为网络化作战提供一条互连互通的纽带;"实时传输"系统中使用数据链可以支持诸如战场信息源系统、指挥控制系统及防空武器平台等分系统之间的互联和互操作,从而形成体系对抗能力。

理论与实践证明,数据链网络通信技术已被认为是新型精确制导武器的生命线。给精确制导武器加装数据链,可使武器在发射到击中目标期间连续接收、处理目标信息、选择攻击目标。这种飞行控制数据链由弹载数据链系统、数据中继平台、地面数据链系统和地面战术指挥应用中心等组成,如图 5-5 所示。

第 5 章 防空反导一体化关键技术及发展趋势

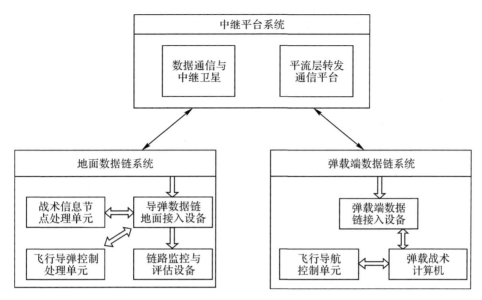

图 5-5 导弹飞行控制数据链系统结构框图

数据链路系统包括各种不同层次数据链网络,这种网状结构中的每个节点(各类参战平台)通过本级的子网链路与上级通信层次分明,各层链路中的信息以高频率不断更新,上传的信息可在相应层次子链中得到检验,若其实时信息有用度大于链路中其他子节点的实时信息有用度,便由其数据链通信设备发布到网络中,使其他网络成员共享这一信息。这样,整个系统就处在一个动态的信息更新过程中,保证作战信息的实时性。

数据链技术在防空导弹武器系统中的应用已十分普遍。例如,为了实时地传递空中战斗和空中交通管理信息,"爱国者"防空导弹武器系统就采用了多种数据链通信。又如,为改进防空导弹武器系统战技性能而采用了基于数据链的雷达组网,从而极大地提高了防空导弹武器系统的整体综合作战效能。防空导弹武器系统基于数据链的雷达组网拓扑结构图如图 5-6 所示,防空导弹武器系统基于数据链的雷达组网系统间连接关系图如图 5-7 所示。

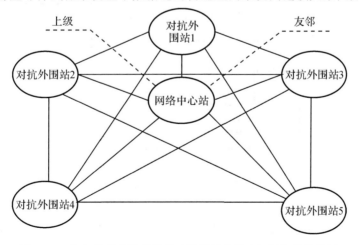

图 5-6 防空导弹武器系统基于数据链的雷达组网拓扑结构图

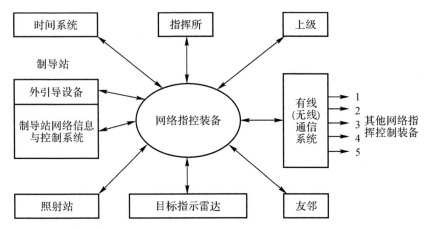

图 5-7 防空导弹武器系统基于数据链的雷达组网系统间链接关系图

5.2.6 系统建模与仿真技术

系统建模与仿真原本是一种古老的模型研究方法,直到计算机问世才逐渐形成了一门崭新的综合性边缘科学技术-仿真科学与技术,其核心内容是系统建模与仿真,通常简称系统仿真。系统仿真就是建立系统模型,并利用该模型运行,进行科学试验研究的全过程。简而言之,系统仿真是基于模型运行的科学及工程活动。系统仿真被认为是工业化社会向信息化社会过渡中,继理论研究和科学实验之后为人类认识与改造世界提供的全新研究方法和手段,堪称第三种科学研究方法。如图5-8所示为系统建模与仿真原理图,同时反映了系统、建模模型、仿真与试验的相互关系,以及系统仿真过程。

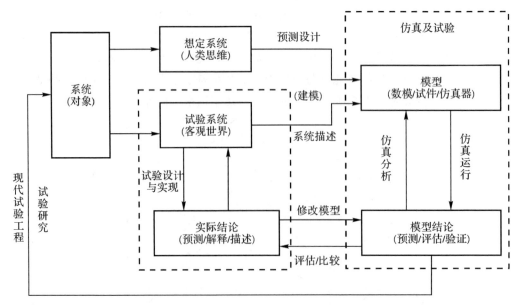

图 5-8 系统建模与仿真原理图

系统建模与仿真技术也是研究和研制现代高技术兵器的有效手段,事实上它早就与精确制导武器系统有着不解之缘,堪称这类武器系统研究和研制及运用的关键技术,并最早应用于精确制导控制系统全寿命周期的各个阶段,如图 5-9 所示。

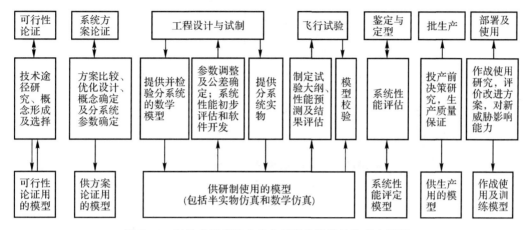

图 5-9 制导武器系统全寿命周期各阶段的仿真应用图

鉴于精确制导武器系统是一个复杂技术系统,因此在不同的研发阶段,采用了不同建模与仿真方法,如图 5-10 所示。其中,数学仿真和半实物仿真方法最常用,采用该方法设计的导弹飞行控制数据链,其系统结构框如图 5-11 所示。这里,基于纯数学模型的系统仿真被称为数学仿真,是一切仿真的基础;以实物试件仿真装置(即物理效应器)为基础的系统仿真称为实物仿真或物理仿真;而既有数学模型又有仿真装置的系统仿真叫作半实物仿真。在整个精确制导武器系统及精确制导控制技术和系统的发展中,半实物仿真起着非常关键性的作用,所以用精确制导控制技术和系统及其研究试验的半实物仿真系统被认为是战略设备。

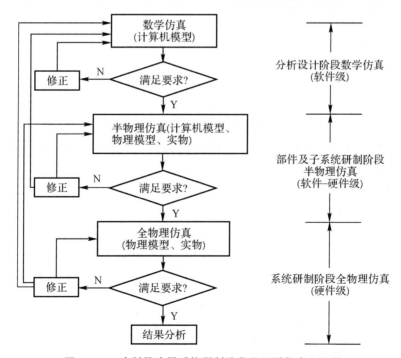

图 5-10 确制导武器系统研制阶段的不同仿真方法图

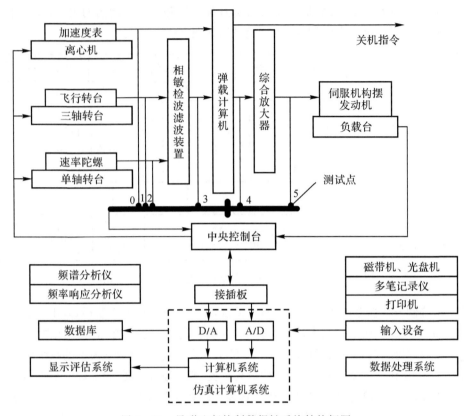

图 5-11 导弹飞行控制数据链系统结构框图

5.2.7 导弹发射控制技术

导弹发射控制技术主要包括共架发射的关键技术、电磁发射技术、网络化发射技术、行进间发射技术和快速响应空间发射技术等。

(1)共架发射的关键技术

共架发射具有整合防空资源、增强体系防空力量、载弹量大、火力密集、设备通用、保障便捷、继承性强、便于研制、经济效益显著等优势,这些优势的实现离不开关键技术的突破。共架发射的各型导弹都是根据目标的不同特性而设计的,只有在攻击相应的目标时,才能取得最佳攻击效果和较大杀伤概率。

(2)电磁发射技术

电磁发射技术可分为以下三种类型:

1)电磁轨道发射技术,发射距离为十米级、发射质量为数十千克级、发射速度为每秒数千米级。电磁轨道发射装置也称电磁轨道炮,是直接利用电磁能对弹丸进行发射的新概念动能杀伤武器。与传统火炮将火药燃气压力作用于弹丸不同,电磁轨道炮是利用电磁场的作用力,直接用电磁能将 $10\sim20$ kg 的弹丸发射至 $6\sim7$ Ma 的速度。与常规火药发射方式相比,利用电磁轨道发射技术发射的弹丸射程可提高 10 倍,射高可达 100 km,可实现远程精确打击、中远程防空反导、反临近空间目标等多重任务。

2)电磁弹射技术,发射距离为百米级、发射质量为吨级、发射速度为每秒数百米级。电磁弹射技术以长行程直线电机的电磁力为动力源,通过控制各段定子电流的通断,使挂接负载的动子在有限距离内进行"接力式"加速,最终使负载达到预期速度。它的典型应用是航母电磁弹射装置。

3)电磁推射技术,发射距离为千米级、发射质量为吨级、发射速度为每秒数千米至数十千米级。电磁推射技术利用电磁能实现空间物资快速投送或小型卫星等航天器的快速发射,出口速度可达数马赫到数十马赫。与电磁轨道发射方式不同的是,电磁推射一般采用直线电机或多级脉冲线圈作为发射装置,发射的动子与产生磁场的定子之间可以采用接触方式或悬浮方式。其中,采用悬浮方式可以达到更高的速度。电磁推射系统通过控制布置在千米级发射行程的定子线圈内的电流,产生电磁力使动子加速运行,从而实现大吨位负载超高速接力发射。

(3)网络化发射技术

在信息化战争中,从战场侦察、监视到预警,从通信、指挥到控制,从情报处理、作战决策到作战实施的全过程都离不开信息,由防空信息网和信息化防空武器装备联结而构成的防空网络化作战体系,可极大地增强防空反导的综合作战能力。在防空网络化作战环境中,发射系统作为网络中的独立节点,接收传感器信息,对导弹进行发射控制,能够极大提升防空体系作战效能。

(4)行进间发射技术

所谓行进间发射,顾名思义就是武器系统能够在行驶过程中实现发射,提高武器的动态作战能力,是现代化战场环境下,对武器系统提出的新的要求和挑战。

行进间发射的关键技术主要有以下几种:

1)行进间发射动力学仿真技术

行进间发射的导弹发射车具有高集成和高机动性,大多集导弹、雷达和发射架于一身,载车行进中受到来自导弹起竖和发射的非线性载荷作用,同时轮胎受到来自路面不平度的随机激励,受载情况十分复杂,且载车平台一直处于运动中,对导弹发射精度有很大影响,须用多体动力学方法处理。基于虚拟样机技术、有限元方法建立发射车系统行驶与发射一体化动力学模型,是分析不同车速和不同等级路面的行进间发射系统过载、运动特性和发射精度影响规律的关键技术之一。

2)行进间发射车辆悬挂系统控制技术

行进间发射时载车底盘保持行驶状态,来自路面不平度、筒弹起竖和发射时产生的不平衡惯性力等分别通过轮胎、悬架和油缸等处传到发射平台,如何通过软、硬件措施弥补或消除这些振动干扰对发射条件和雷达工作状态的影响,是行进间发射和静止状态发射的最主要区别。悬挂系统作为自行防空武器中的重要组成部分,其作用是限制和衰减由路面激励传递给车身的垂直力、侧向力、纵向力以及由冲击载荷引起的防空武器车体的振动。研究先进悬挂控制系统,不仅能实现各种路况和射击条件下对路面激励的最佳隔离,改善乘员乘座的舒适性,同时可以使乘员能够平稳跟踪、瞄准目标,确保武器系统的射击效果,对行进间发射精度的提高也将起到一定的辅助作用。

3)快速定位定向和瞄准技术

行进间发射的固有问题是快速准确测定随载车一起运动的导弹的坐标位置和目标射击方位,目前惯导+GPS组合定位系统相互配合较为合理。快速定位系统主要由载车上的惯性测量装置和计算机组成,由一个已知坐标出发,行进过程中惯性测量装置不断测量载车行驶速度和方向,实时测出行驶时导弹的坐标位置。为保证导弹行进间发射精度,常采用光电型转塔稳定系统,它一般涉及智能控制、数据快速处理与传输、激光测距、电视跟踪等复杂技术。

4) 伺服控制技术

伺服控制是自动控制系统里的一个分支,又称随动系统,是指将物体的输出(位置、速度等)结果反馈到输入,并以输出信号与期望信号相减后得到的误差信号为依据,经过一系列运算得到控制量,驱动执行机构,使物体输出能够高精度的跟随期望信号的一种反馈控制系统,其发展过程有经典控制、现代控制和智能控制等阶段。在行进间发射技术的研究中,伺服控制系统的设计也是至关重要的一个环节,伺服系统控制性能的好坏直接影响着发射精度和命中率,也是决定行进间发射武器系统战场生存能力的关键技术。

(5) 快速响应空间发射技术

空间快速响应包括快速进入空间和快速应用空间两个方面,前者要求运载火箭具备在数小时内将有效载荷送入用户指定轨道的能力,后者要求发射的有效载荷能够按照用户要求快速投入使用,尽可能在发射后的第一圈飞行中就能执行预定的任务。早期人们关注的重点主要在快速进入空间的能力上,后来逐渐认识到快速应用空间也是必不可少的。因为若还像今天这样,在卫星入轨后还要花费几个月的时间完成在轨测试与校正的话,快速进入空间也就失去其意义。空间快速响应发射的内涵与快速进入空间是一致的。发生紧急状况时,空间快速响应发射对空间系统的快速部署、重构、扩充与维护等操作具有十分重要的意义。

区别于传统的空间系统,快速响应空间系统立足于快速满足战场战役和战术需求,应对突发事件和适应未来空间攻防对抗需要,快速组织和补充精干有效的军事力量,力求保证对抗情况下的空间军事任务具有最大自由度,实施空间军事威胁、空间防御、信息支援保障,以及实行天地一体化攻防作战等军事行动。快速响应空间以建设能快速进入与利用空间系统和创新作战新理念为基础,力求为战役战术指挥官提供快速进入和利用空间的能力,确保及时满足其临时提出的紧急需求。

5.3 发展趋势

防空反导以防御空气动力目标和弹道导弹目标、保卫国家空天安全为主要任务,是各国军事力量建设的重要组成部分,需要国家高度重视、大力推进防空反导系统发展,应对空天打击体系远程化、精确化、高速化、隐身化、智能化和无人化的挑战。

当前世界防空反导领域发展呈现新的特点:一是弹道导弹防御系统得到持续快速发展,初步形成实战技术能力;二是装备与技术发展从注重单一装备发展转向发展体系化作战能力,防空反导一体化作战能力正在形成;三是防空导弹进入新一轮换代时期,拦截目标种类更多、拦截覆盖范围更广、系统作战能力更强的新一代防空导弹开始部署;四是应对非传统空袭目标的防空系统发展迅速,临近空间防御系统研制已启动,防空反导激光武器短期内有望实战化。

为应对日益严峻的空天威胁,防空反导系统正在向智能化、一体化、通用化、网络化、全域化、体系化方向发展,各国防空反导实战演练也呈常态化趋势,未来世界导弹攻防对抗将日趋激烈。

5.3.1 持续发展弹道导弹防御系统

美国、俄罗斯、欧洲、日本、以色列、韩国等均积极开展弹道导弹防御体系建设,使其导弹防御系统规模持续扩大,作战能力稳步提升。

智能化助推防空反导作战能力提升。美军具备自主智能能力的防御性武器有"宙斯盾"导弹防御系统和"密集阵"近程武器系统等。"密集阵"近程武器系统可以设置为自动模式来防御导弹齐射或大量飞机的攻击。美国计划未来将人工智能系统作为一种通用指挥设备,应用于分散在世界各地的战略级统一信息管理系统中。

(1) 美国弹道导弹防御能力持续提升

美国具有强大的空中进攻作战优势,能够掌握绝对的制空权,其防空以战斗机为主,防空导弹为辅。美国的陆基防空由三层组成,外层由战斗机负责远程防空,中层由中远程防空导弹如"爱国者"等形成对来袭目标的区域防御能力,内层则由近程如"复仇者""陆基发射先进中程空空导弹"(SLAM-RAAM)等进行点防御。海军防空体系则主要由舰载机、"标准"-6(外层、射程370 km,正在研发阶段)、"标准"-2(中程)、"拉姆"(内层)等组成。

(2) 俄罗斯逐步推进弹道导弹防御系统建设

俄罗斯认为,一体化防空体系是国家防御体系的一个重要组成部分,它是和平时期对潜在威胁的威慑力量,在军事冲突中它是抓住和掌握战略主动的决定因素。主力作战装备为第二代的C-300-1/2。新型防空导弹C-400系统已开始装备部队,其武器系统特点是通过配置多种型号导弹,扩大了作战区域,提高作战效能,战术级指挥系统与火力单元有机结合,实现信息化作战。俄罗斯C-500系统采用多功能有源相控阵雷达、多波段导引头的高空高速导弹、导弹燃气动力侧向控制、自适应引信等先进技术,具备一定的高超声速飞行器目标防御能力。

5.3.2 发展新一代防空导弹系统

(1) 美国与俄罗斯加快发展中远程防空导弹系统

美国和俄罗斯在防空导弹系统发展方面已形成了5大系列,主要包括远程、中远程、中程、近程和末端防御系统,为完善多层次全方位拦截的防空体系,两国正在进一步改进和升级防空导弹系统。美国极为重视海军舰队防空能力,积极发展具有超视距拦截能力的"标准"-6导弹,先后成功进行拦截飞行试验,验证了海军防空反导系统远程交战能力。"标准"-6导弹已进入生产和初始部署阶段。兼具反巡航导弹和近程弹道导弹能力的"标准"-6Dual I 导弹,是在"标准"-6基础改进的,加装了一个功能更强的新型处理器。

俄罗斯优先发展和部署新一代中远程防空导弹系统,采购10套C-500系统、56个营(28个团)C-400系统。4个C-400防空导弹团为莫斯科和中央工业区提供对空防御,负责掩护伏尔加河沿岸、乌拉尔和西伯利亚地区行政、工业和军事目标的 2 个新的防空师已担负战斗值班。

(2)加快研制和部署先进中近程防空导弹系统

美国、德国和意大利联合研制的中程扩展防空系统(MEADS)系统、法国的"紫苑"导弹、英国的通用模块化防空导弹(CAMM)和德国的陆射型彩虹导弹等已陆续进入试验和部署阶段。MEADS 系统进行了多次试验,演示验证了多项作战能力。CAMM 导弹已通过关键设计评审并完成制导飞行试验,该导弹是陆、海、空三军通用的中近程地(舰)空导弹系统,用于区域防空,可在电子对抗条件下对付各种高速、高机动空中目标和导弹,将取代英国"长剑"近程地空导弹和"海狼"近程舰空导弹,满足未来英国陆军野战防空和皇家海军区域防御系统(FLADS)作战需要。欧洲国家新一代中近程防空导弹呈现模块化、通用化发展模式,武器系统的导弹、雷达、发射装置均采用模块设计,各国根据本国需要选择相应的平台和导弹、雷达等组成防空导弹系统。

(3)周边国家防空导弹系统发展迅速

我国周边韩国、印度等国均积极发展本国防空导弹系统,已形成具有多层拦截能力的防空系统。韩国成功研发并开始部署"铁鹰"中程地空导弹系统、"飞虎"弹炮结合近程防空武器,用于防御低空飞机、直升机和无人机。

5.3.3 积极发展新型防空反导武器

随着威胁的变化和防空反导技术的发展,新型防空反导武器正在出现。为应对无人机、火箭弹、炮弹和迫击炮弹等威胁,提升末端防空能力,出现了反火箭弹、炮弹和迫击炮弹(C-RAM)的小型拦截导弹和激光武器,激光武器未来还将更广泛用于防空反导。未来将出现的临近空间高超声速打击武器,使临近空间防御系统成为未来的发展热点。

(1)重视发展反火箭弹、炮弹和迫击炮弹武器

反火箭弹、炮弹和迫击炮弹(C-RAM)是防空系统末端防御发展的重点领域,美国和以色列在 C-RAM 装备发展方面取得新的进展。以色列"铁穹"系统在实战中表现出色,受到多个国家关注。美国的小型命中杀伤拦截导弹全系统的技术成熟度已达到 5 级,加速改进拦截弹成功进行拦截目标试验。此外以色列开始研发舰载版"铁穹"系统。

(2)防空反导激光武器短期内有望实战化

针对现役防空反导系统在作战效能、反应速度、防御成本等方面的诸多问题,各国正致力于发展新质防御力量,重点推动激光武器系统实战化发展,填补防空反导能力短板。

战术光纤激光器实战化进程加快,具有体积小、质量轻、光束质量好等特点,能够集成到现役防空武器平台上,并将成为摧毁无人机、小型船艇等小型目标的重要武器系统。

1)美国激光武器系统进入列装阶段

在陆基激光武器方面,美国波音公司正在加紧研究激光战车武器,用于战场激光反导。在技术发展方面,薄片激光器达到武器级水平。美国"耐用电激光器"项目研制的薄片激光器输出功率为 30 kW,电光转换效率已达到武器级高能激光器要求。低热效应、高效集成、机动灵活和保障方便将成为下一代激光武器发展的必由之路。

2)俄罗斯研发反卫激光武器

俄罗斯研发的"卡琳娜"激光武器系统将作为俄罗斯"树冠"空间监视系统的组成部分,用于反卫星。"卡琳娜"激光武器系统将配备用于精确引导激光束照射卫星目标的新型望远镜与脉冲激光器,能够瞄准高空卫星,发出强激光,干扰在轨卫星的光学传感器,从而达到使其失去作用的效果,可保护超过 10 万平方千米的区域免受情监侦卫星对地面设施的跟踪。

3)以色列的高能激光武器

以色列的"铁束"高能激光武器系统已成功拦截了无人机、反坦克导弹、迫击炮弹和火箭弹等目标。该激光器系统的功率为 30～50 kW,采用叠阵型结构设计,由诸多微小型激光器排列组合而成,最大有效射程约 7 km,单次拦截成本为 3.5 美元,激光束发射后 4～5 s 便可摧毁目标,在拦截成本与效能上优势显著。

(3)临近空间防御问题将成为新的发展热点

临近空间高超声速飞行器将对未来防空反导武器带来巨大挑战。美国、俄罗斯已着手研究应对这类威胁的手段。美国提出改进 THAAD 系统,为拦截弹加装一级助推器,由原来的一级变为两级。新加装的第一级助推器直径为 535 mm,比原先的助推器大 165 mm,增加了拦截弹的射程和作战高度。俄罗斯赋予空天防御系统临近空间防御任务,适时在新一代防空反导系统形成反临近空间目标能力。可以预见,临近空间防御将成为未来防空反导热点。

5.3.4 分布式防御

面对复杂威胁,应将"一体化防空反导"升级为"分布式防御",创建一支更加灵活、更加分散的防空反导部队,形成一套新的架构,提高防空反导力量的灵活性和弹性。

加快推进多层次的分布式作战体系。美俄等国在发展防空反导装备的同时,高度重视防空反导战术级指控系统建设。二者都在经历了战术级指控系统的烟囱式发展后,以网络化、体系化防空反导作战需求为牵引,以实现防空反导功能一体化、多型混编协同网络化能力为特征,全面推进了防空反导战术级指控系统的建设发展。

(1)当前一体化防空反导存在的问题和缺陷

1)"烟囱式"管理

"烟囱式"管理即信息必须从一个系统谱系传递到上级梯队,然后分发到另一个系统谱系。其妨碍了作战行动的灵活性,并增加了风险。

2)对指控节点和雷达过度依赖

若对手对传感器和指控节点进行精确打击,会造成防空反导体系失去战斗力。

3)对非弹道导弹威胁重视不足

美陆军的防空反导力量重点应对小国的战区弹道导弹威胁,而对反舰巡航导弹重视不足,对联合制空权过度自信,疏于发展近程防空能力。

4)成本高、能力低

拦截弹的成本不断攀升,造成这种结果的部分原因在于,陆军对弹道导弹过度重视,许多导弹威胁可能并不需要拦截导弹进行打击。一个更加多样化的拦截弹高、低混搭方案或将帮助陆军平衡导弹的成本和能力。

5)地面雷达覆盖不全

目前,"爱国者"和"萨德"导弹雷达均无法提供360°的覆盖能力,虽然"间接火力防护能力"发射器和"一体化防空反导作战指挥系统"网络旨在填补这些空白,但空中和广域传感器覆盖范围仍然不足。

(2) 分布式防御作战概念

"分布式防御"概念旨在建立更加灵活、更具弹性的防空反导架构,以支持美军力量投送,提高潜在对手的攻击成本和难度。

1) 以网络为中心,使防空反导各要素互通互联

合并、融合、开发和利用一切可用的信息;寻求跨军种融合,使海上和陆地系统共用所有传感器数据,最终实现陆军所有的防空反导防御资产的互连,提高防空反导防御系统的弹性。

2) 系统要素分散部署,重新定义火力单元

加强系统元素的分散部署和机动性,针对管理和 C^2 职能重新定义作战单元和火力单元的灵活性,在不损失能力的情况下更好地分散部署拦截弹、传感器和火控系统。

3) 载荷混合加载,实现分层防御

"一体化防空反导作战指挥系统"和多任务发射器的组合将为陆军提供历史上最强大的近程防空能力,有效载荷在作战单元内部甚至发射器内部混合装载可能会取代单一功能的发射器,为分层防御创造可能。

4) 攻防一体的发射器

实现一体化防空反导防御的另一个办法是从防御转向反制空中和导弹威胁;将打击和防御能力同时纳入一个发射单元甚至同一个发射器;加快处理 AMD 传感器的信息,以追踪敌对空中导弹威胁的发射位置,在其再次发射之前进行瞄准。

5) 多任务导弹

在拦截器内部携带进攻性和防御性效应器,增加导引头类型或攻击模式以及可扩展任务包。

6) 集装箱式发射器与欺骗式被动防御

将发射器放入普通的货物集装箱,使发射装置分散部署,每个集装箱都能无线连接到更大的传感器网络和指控系统,在需要时向海上和陆地部署。集装箱式发射器能通过欺骗手段来支持"一种强有力的被动防御手段"。

思 考 题

1. 简述防空反导系统一体化的主要特征。
2. 简述防空反导一体化作战的内涵。
3. 分析防空反导一体化的制导技术。
4. 分析防空反导一体化的数据链通信技术。
5. 分析防空反导一体化的系统建模与仿真技术。
6. 分析防空反导一体化的导弹发射控制技术。
7. 简述防空反导一体化的发展趋势。

参 考 文 献

［1］ 杨军.弹道导弹精确制导与控制技术[M].西安:西北工业大学出版社,2012.
［2］ 韩晓明.防空导弹总体设计原理[M].西安:西北工业大学出版社,2016.
［3］ 杨建军.地空导弹武器系统概论[M].北京:国防工业出版社,2006.
［4］ 刘万义,彭刚虎.俄罗斯空天防御理论研究[M].北京:国防工业出版社,2015.
［5］ 刘兴,梁维泰,赵敏.一体化空天防御系统[M].北京:国防工业出版社,2011.
［6］ 朱成.垂直发射防空导弹智能制导与控制[D].南京:南京航空航天大学,2015.
［7］ 全军军事术语管理委员会.中国人民解放军军语[M].北京:军事科学出版社,2011.
［8］ 李为民,陈刚,陈杰生,等.空天防御作战概念[M].北京:国防大学出版社,2011.
［9］ 陈杰生.空天防御作战体系研究[M].北京:军事科学出版社,2015.